生产经营单位主要负责人和安全管理人员安全培训通用教材

(再培训)

应急管理部宣传教育中心　组织编写

团结出版社

图书在版编目（CIP）数据

生产经营单位主要负责人和安全管理人员安全培训通用教材：再培训 / 应急管理部宣传教育中心组织编写.
— 北京：团结出版社，2017.7
ISBN 978-7-5126-5319-1

Ⅰ.①生… Ⅱ.①应… Ⅲ.①安全生产－生产管理－安全培训－教材 Ⅳ.①X92

中国版本图书馆 CIP 数据核字（2017）第 162185 号

出　版：	团结出版社
	（北京市东城区东皇城根南街 84 号　邮编：100006）
电　话：	（010）65228880　65244790（出版社）
网　址：	www.tjpress.com
E-mail：	65244790@163.com
经　销：	全国新华书店
印　刷：	三河市天润建兴印务有限公司
开　本：	140mm×203mm
字　数：	188 千字
版　次：	2017 年 9 月第 1 版
印　次：	2019 年 7 月第 2 次印刷
书　号：	978-7-5126-5319-1
定　价：	18.00 元

（版权所属，盗版必究）

前　言

2019年4月1日起施行的《生产安全事故应急条例》，以中华人民共和国国务院令第708号公布。该条例规定，生产经营单位应当加强生产安全事故应急工作，建立、健全生产安全事故应急工作责任制，其主要负责人对本单位的生产安全事故应急工作全面负责。2016年修订的《生产安全事故应急预案管理办法》规定，生产经营单位主要负责人负责组织编制和实施本单位的应急预案，并对应急预案的真实性和实用性负责；各分管负责人应当按照职责分工落实应急预案规定的职责。2015年7月1日起施行的《生产经营单位安全培训规定》，根据国家安全生产监管总局令第80号修正，规定生产经营单位负责本单位从业人员安全培训工作，生产经营单位应当按照安全生产法和有关法律、行政法规和本规定，建立健全安全培训工作制度；生产经营单位应当进行安全培训的从业人员包括主要负责人、安全生产管理人员、特种作业人员和其他从业人员。

为了促进各地按照要求组织开展对主要负责人和安全管理人员的安全生产再培训，帮助生产经营单位主要负责人和安全管理人员熟练掌握安全生产知识，了解掌握国家对于安全生产的最新要求，切实提高安全生产管理能力，本书编写组结合近年来最新安全生产法律法规、规程标准，及时组织专家编写本书。

本书有以下几个特点：

1. 依据新近制修订的安全生产法律、法规、安全标准方面的内容编写。近年来，《安全生产法》《职业病防治法》《消防法》等法律法规均进行了修订；此外，国家有关部门新颁布了一些部门规章以及相关规范性要求。本书介绍了相关内容，以便让企业主要负责人和安全管理人员了解安全生产的最新法律法规。

2. 本书充分体现了再培训的特点，将编写内容分为《安全生产法》、新近制修订的安全生产法律法规及部门规章再学习、安全管理知识再学习、常见生产安全事故防治、生产经营单位隐患排查治理要点、安全生产管理经验借鉴、安全生产事故典型案例分析七大部分，结合企业主要负责人、安全管理人员工作实际，着重于提高安全管理的实际技能。

3. 本书严格按照培训教材的体例和要求编写，实现"教、学、考"三结合。在教材前面附有"学时安排表"，详细列明每章内容的培训学时，同时在每章开始叙述之前先说明"本章学习要点"，每章结束后又拟制"复习思考题"，既便于老师讲授，又便于学员学习和备考。

4. 根据国家关于推进企业安全生产标准化建设的最新要求，增加了企业安全生产标准化管理的相关内容；充分结合主要负责人和安全管理人员的工作实际，突出了对安全生产管理更具实际意义的内容。

5. 注重案例教学。该教材选取了新近发生的典型事故案例，并对案例做了评析，不仅帮助读者通过实例掌握事故发生的基本规律和防范措施，还起到了一定的安全警示作用。

6. 语言通俗易懂，层次清新，可读性强。该教材充分考虑了生产经营单位主要负责人和安全管理人员安全培训的实际需要，内容简明实用，叙述深入浅出。

由于编者水平有限，书中难免有不妥之处，敬请广大读者批评指正。

编　者

生产经营单位主要负责人和安全管理人员安全培训通用教材（再培训）学时安排表（供参考）

培训内容	学时
第一章　《安全生产法》	2
第二章　新近制修订的安全生产法律法规及部门规章再学习	2
第三章　安全管理知识再学习	3
第四章　常见生产安全事故防治	2
第五章　生产经营单位隐患排查治理要点	3
第六章　安全生产管理经验借鉴	2
第七章　安全生产事故典型案例分析	2
合计	16

目　录

第一章　《安全生产法》 ······································· 1
第一节　《安全生产法》概述 ································ 1
第二节　安全生产工作机制 ··································· 6
第三节　主要负责人的安全职责及法律责任 ············ 8
第四节　安全生产管理机构和人员的
安全职责及法律责任 ································ 15
复习思考题 ·· 19

第二章　新近制修订的安全生产法律法规及部门规章再学习 ··· 20
第一节　法律 ·· 20
第二节　行政法规 ·· 24
第三节　部门规章 ·· 31
复习思考题 ·· 36

第三章　安全管理知识再学习 ···································· 38
第一节　安全生产标准化管理 ································ 38
第二节　现场安全管理 ··· 61
第三节　消防安全管理 ··· 97
第四节　安全生产应急管理 ··································· 111
第五节　职业健康管理 ··· 123
复习思考题 ·· 129

第四章　常见生产安全事故防治 ································· 130
第一节　电气安全事故防治 ··································· 130
第二节　机械伤害事故防治 ··································· 137
第三节　火灾爆炸事故防治 ··································· 141
第四节　粉尘爆炸事故防治 ··································· 144

第五节　有限空间事故防治 ·················· 147
　　第六节　高处坠落事故防治 ·················· 156
　　复习思考题 ································ 172
第五章　生产经营单位隐患排查治理要点 ·············· 173
　　第一节　事故隐患排查与治理 ·················· 173
　　第二节　安全生产检查 ······················ 174
　　复习思考题 ································ 180
第六章　安全生产管理经验借鉴 ···················· 181
　　复习思考题 ································ 191
第七章　安全生产事故典型案例分析 ·················· 192
参考文献 ···································· 206

第一章 《安全生产法》

本章学习要点

◆ 掌握《安全生产法》的相关内容
◆ 熟悉安全生产工作机制的相关内容
◆ 熟练掌握生产经营单位主要负责人的安全职责及法律责任与安全生产管理机构和人员的安全职责及法律责任

第一节 《安全生产法》概述

《安全生产法》经2002年6月29日第九届全国人民代表大会常务委员会第二十八次会议通过，根据2009年8月27日第十一届全国人民代表大会常务委员会第十次会议《关于修改部分法律的决定》第一次修正，根据2014年8月31日第十二届全国人民代表大会常务委员会第十次会议《关于修改〈中华人民共和国安全生产法〉的决定》第二次修正。

《安全生产法》着眼于安全生产现实问题和发展要求，补充完善了相关法律制度规定，主要包括以下内容：

一、坚持以人为本，推进安全发展

《安全生产法》提出安全生产工作应当以人为本，对于坚守发展决不能以牺牲人的生命为代价这条红线，牢固树立以人为本、生命至上的理念，正确处理重大险情和事故应急救援中"保财产"还是"保人命"问题，具有重大意义。

二、建立完善安全生产方针和工作机制

《安全生产法》确立了"安全第一、预防为主、综合治理"的安全生产工作"十二字方针"。

"安全第一"要求从事生产经营活动必须把安全放在首位，不能以牺牲人的生命、健康为代价换取发展和效益。"预防为主"要求把安全生产工作的重心放在预防上，强化隐患排查治理，打非治违，从源头上控制、预防和减少生产安全事故。"综合治理"要求运用行政、经济、法治、科技等多种手段，充分发挥社会、职工、舆论监督各个方面的作用，抓好安全生产工作。

三、落实"三个必须"，明确安全监管部门执法地位

按照"三个必须"（管业务必须管安全、管行业必须管安全、管生产经营必须管安全）的要求，《安全生产法》中规定：

（1）国务院和县级以上地方人民政府应当建立健全安全生产工作协调机制，及时协调、解决安全生产监督管理中存在的重大问题。

（2）明确国务院和县级以上地方人民政府安全生产监督管理部门实施综合监督管理，有关部门在各自职责范围内对有关行业、领域的安全生产工作实施监督管理，并将其统称负有安全生产监督管理职责的部门。

（3）明确各级安全生产监督管理部门和其他负有安全生产监督管理职责的部门作为执法部门，依法开展安全生产行政执法工作，对生产经营单位执行法律、法规、国家标准或者行业标准的情况进行监督检查。

四、明确乡镇人民政府以及街道办事处、开发区管理机构安全生产职责

《安全生产法》中明确：乡、镇人民政府以及街道办事处、开发区管理机构等地方人民政府的派出机关应当按照职责，加强对本行政区域内生产经营单位安全生产状况的监督检查，协助上级人民政府有关部门依法履行安全生产监督管理职责。

五、进一步强化生产经营单位的安全生产主体责任

《安全生产法》中把明确安全责任、发挥生产经营单位安全生产管理机构和安全生产管理人员作用作为一项重要内容，作出四个方面的重要规定：

（1）明确委托规定的机构提供安全生产技术、管理服务的，保证安全生产的责任仍然由本单位负责。

（2）明确生产经营单位的安全生产责任制的内容，规定生产经营单位应当建立相应的机制，加强对安全生产责任制落实情况的监督考核。

（3）明确生产经营单位的安全生产管理机构以及安全生产管理人员履行的七项职责。

（4）规定矿山、金属冶炼建设项目和用于生产、储存危险物品的建设项目竣工投入生产或者使用前，由建设单位负责组织对安全设施进行验收。

六、建立事故预防和应急救援的制度

《安全生产法》把加强事前预防和事故应急救援作为一项重要内容：

（1）生产经营单位必须建立生产安全事故隐患排查治理制度，采取技术、管理措施及时发现并消除事故隐患，并向从业人员通报

隐患排查治理情况的制度。

（2）政府有关部门要建立健全重大事故隐患治理督办制度，督促生产经营单位消除重大事故隐患。

（3）对未建立隐患排查治理制度、未采取有效措施消除事故隐患的行为，设定了严格的行政处罚。

（4）赋予负有安全监管职责的部门对拒不执行执法决定、发生生产安全事故现实危险的生产经营单位依法采取停电、停供民用爆炸物品等措施，强制生产经营单位履行决定。

（5）国家建立应急救援基地和应急救援队伍，建立全国统一的应急救援信息系统。

七、建立安全生产标准化制度

2010年《国务院关于进一步加强企业安全生产工作的通知》（国发〔2010〕23号）、2011年《国务院关于坚持科学发展安全发展促进安全生产形势持续稳定好转的意见》（国发〔2011〕40号）均对安全生产标准化工作提出了明确的要求。《安全生产法》在总则部分明确提出推进安全生产标准化工作，这必将对强化安全生产基础建设，促进企业安全生产水平持续提升产生重大而深远的影响。

八、推行注册安全工程师制度

《安全生产法》确立了注册安全工程师制度，并从两个方面加以推进：

（1）危险物品的生产、储存单位以及矿山、金属冶炼单位应当有注册安全工程师从事安全生产管理工作，鼓励其他生产经营单位聘用注册安全工程师从事安全生产管理工作。

（2）建立注册安全工程师按专业分类管理制度，授权国务院有关部门制定具体实施办法。

九、推进安全生产责任保险制度

《安全生产法》总结近年来的试点经验,通过引入保险机制,促进安全生产,规定国家鼓励生产经营单位投保安全生产责任保险。

安全生产责任保险具有其他保险所不具备的特殊功能和优势:

(1) 增加事故救援费用和第三人赔付的资金来源,有助于减轻政府负担,维护社会稳定。

(2) 有利于现行安全生产经济政策的完善和发展。

(3) 通过保险费率浮动、引进保险公司参与企业安全管理,可以有效促进企业加强安全生产工作。

十、加大对安全生产违法行为的责任追究力度

(1) 规定了事故行政处罚和终身行业禁入。

① 将行政法规的规定上升为法律条文,按照两个责任主体、四个事故等级,设立了对生产经营单位及其主要负责人的八项罚款处罚明文。

② 大幅提高对事故责任单位的罚款金额:一般事故罚款20万至50万,较大事故50万至100万,重大事故100万至500万,特别重大事故500万至1000万;特别重大事故的情节特别严重的,罚款1000万至2000万。

③ 进一步明确主要负责人对重大、特别重大事故负有责任的,终身不得担任本行业生产经营单位的主要负责人。

(2) 加大罚款处罚力度。结合各地区经济发展水平、企业规模等实际,修订后的《安全生产法》维持罚款下限基本不变、将罚款上限提高了2至5倍,并且大多数罚则不再将限期整改作为前置条件。

(3) 建立了严重违法行为公告和通报制度。要求负有安全生产监督管理部门建立安全生产违法行为信息库,如实记录生产经营单

位的违法行为信息；对违法行为情节严重的生产经营单位，应当向社会公告，并通报行业主管部门、投资主管部门、国土资源主管部门、证券监督管理部门和有关金融机构。

第二节　安全生产工作机制

《安全生产法》规定，安全生产工作应当以人为本，坚持安全发展，坚持安全第一、预防为主、综合治理的方针，强化和落实生产经营单位的主体责任，建立生产经营单位负责、职工参与、政府监管、行业自律和社会监督的机制。首次确定了生产经营单位负责、职工参与、政府监管、行业自律和社会监督的安全生产工作机制或者工作格局，明确了各方的职责，对加强安全生产工作具有重要意义。

（1）生产经营单位负责，是指生产经营单位对本单位的安全生产负责。生产经营单位是安全生产的责任主体，对本单位的安全生产保障负责，生产经营单位必须严格遵守和执行安全生产法律法规、规章制度与技术标准，依法依规加强安全生产，加大安全投入，健全安全管理机构，加强对从业人员的培训，保持安全设施设备的完好有效。《安全生产法》从多个方面进行了规定，包括生产经营单位应当具备法定的安全生产条件、生产经营单位主要负责人的安全生产职责、安全生产投入、安全生产责任制、安全生产管理机构以及安全生产管理人员的职责及配备、从业人员安全生产教育和培训、安全设施与主体工程"三同时"、安全警示标志、安全设备管理、危险物品安全管理、危险作业和交叉作业安全管理、发包出租的安全管理、事故隐患排查治理、有关从业人员安全管理等十四个方面。

（2）职工参与，是指生产经营单位从业人员积极参与本单位的安全生产管理，正确履行相应的权利和义务。通过安全生产教育，提高广大职工的自我保护意识和安全生产意识，有权对本单位的安全生产工作提出建议。对本单位安全生产工作中存在的问题，有权提出批评、检举和控告，有权拒绝违章指挥和强令冒险作业。要充分发挥工会、共青团、妇联组织的作用，依法维护和落实生产经营单位职工对安全生产的参与权与监督权，鼓励职工监督举报各类安全隐患，对举报者予以奖励。《安全生产法》设立了从业人员的安全生产权利义务专章，还规定生产经营单位的工会依法组织职工参加本单位安全生产工作的民主管理和民主监督，维护职工在安全生产方面的合法权益。生产经营单位制定或者修改有关安全生产的规章制度，应当听取工会的意见。

（3）政府监管，是指负有安全生产监督管理职责的部门依法履行职责，加强对生产经营单位的监督检查。健全完善安全生产综合监管与行业监管相结合的工作机制，强化安全生产监管部门对安全生产的综合监管，全面落实行业主管部门的专业监管、行业管理和指导职责。各部门要加强协作，形成监管合力，在各级政府统一领导下，严厉打击违法生产、经营等影响安全生产的行为，对拒不执行监管监察指令的生产经营单位，要依法依规从重处罚。《安全生产法》设立了安全生产的监督管理专章，从多个方面对监督管理的职责进行了规定。

（4）行业自律，是指行业协会等组织进行自律管理，为生产经营单位提供服务。一方面各个行业要遵守国家法律、法规和政策，另一方面行业组织要通过行规行约制约本行业生产经营单位的行为。通过行业间的自律，促使相当一部分生产经营单位能从自身安全生产的需要和保护从业人员生命健康的角度出发，自觉开展安全生产工作，切实履行生产经营单位的法定职责和社会责任。《安全生产法》规定，有关协会组织依照法律、行政法规和章程，为生产经营单位提供安全生产方面的信息、培训等服务，发挥自律作用，促进生产经营单位加强安全生产管理。

（5）社会监督，是指社会组织或者个人对安全生产工作进行监督。任何单位和个人有权对违反安全生产的行为进行检举和控告。

发挥新闻媒体的舆论监督作用。有关部门和地方要进一步畅通安全生产的社会监督渠道，设立举报电话，接受人民群众的公开监督。《安全生产法》规定，任何单位或者个人对事故隐患或者安全生产违法行为，均有权向负有安全生产监督管理职责的部门报告或者举报。居民委员会、村民委员会发现其所在区域内的生产经营单位存在事故隐患或者安全生产违法行为时，应当向当地人民政府或者有关部门报告。新闻、出版、广播、电影、电视等单位有进行安全生产公益宣传教育的义务，有对违反安全生产法律、法规的行为进行舆论监督的权利。

第三节　主要负责人的安全职责及法律责任

一、主要负责人的安全职责

管生产必须管安全、谁主管谁负责，这是我国安全生产工作长期坚持的一项基本原则。生产经营单位的主要负责人，作为单位的主要领导者，对单位的生产经营活动全面负责，必须同时对单位的安全生产工作负责。生产经营单位的主要负责人有责任、有义务在搞好单位生产经营活动的同时，搞好单位的安全生产工作，坚持以人为本的原则，按照安全发展战略的要求，认真贯彻落实"安全第一、预防为主、综合治理"的方针，正确处理好安全与发展、安全与效益的关系，做到生产必须安全，不安全不生产。因此，《安全生产法》对生产经营单位的主要负责人对本单位安全生产工作的职责作出了具体规定，包括：

1. 建立、健全本单位安全生产责任制

安全生产责任制是生产经营单位最基本的安全生产管理制度，是根据安全生产法律、法规，按照"安全第一、预防为主、综合治理"的方针以及"管生产必须管安全"的原则，将单位的主要负责人与其他负责人员、职能部门及其工作人员、工程技术人员和各岗位操作人员在安全生产方面应做的事情及应负的责任加以明确规定的一种制度。

安全生产责任制必须具有全面性，做到安全工作层层有人负责。生产经营单位的主要负责人必须亲自带头，自觉执行责任制的规定，并经常或定期检查安全生产责任制的执行情况，奖优罚劣，提高本单位全体从业人员执行安全生产责任制的自觉性，使安全生产责任制的执行得以巩固。

2. 组织制定本单位安全生产规章制度和操作规程

生产经营单位的安全生产规章制度和操作规程是根据其自身生产经营范围、危险程度、工作性质及具体工作内容，依照国家有关法律、行政法规、规章和标准的要求，有针对性规定的、具有可操作性的、保障安全生产的工作运转制度及工作方式、方法和操作程序。

安全生产规章制度是一个单位规章制度的重要组成部分，是保证生产经营活动安全、顺利进行的重要手段，其主要内容包括两个方面：一是安全生产管理方面的规章制度，即安全生产责任制、安全生产教育和培训、安全生产现场检查、生产安全事故报告、特殊区域内施工审批、危险物品安全管理、安全设施管理、要害岗位管理、特种作业安全管理、安全值班、安全生产竞赛、安全生产奖惩、劳动防护用品的配备和发放等。二是安全生产技术方面的规章制度，即电气安全技术、锅炉压力容器安全技术、建筑施工安全技术、危险场所作业安全技术、矿山灾害治理等。

规程是对工艺、操作、安装、检测、安全、管理等具体技术要求和实施程序所作的统一规定，安全操作规程是指在生产经营活动中，为消除能导致人身伤亡或者造成设备、财产破坏以及危害环境的因素而制定的具体技术要求和实施程序的统一规定。

安全操作规程与岗位紧密联系，是保证岗位作业安全的重要基础。生产经营单位的主要负责人应当组织制定本单位的安全生产规章制度和操作规程，并保证其有效实施。

3. 组织制定并实施本单位安全生产教育和培训计划

生产经营单位的安全生产教育和培训计划是根据本单位安全生产状况、岗位特点、人员结构组成，有针对性地规定单位负责人、职能部门负责人、车间主任、班组长、安全生产管理人员、特种作业人员以及其他从业人员的安全生产教育和培训的统筹安排，包括经费保障、教育培训内容以及组织实施措施等内容。

从业人员既是安全生产的保护对象，同时又是保证安全生产的决定因素。具有高安全素质和技能的从业人员，是保证生产经营活动安全进行的前提。安全生产教育和培训计划是具体落实从业人员教育和培训任务，保证教育和培训质量，提高从业人员安全素质和安全操作技能的重要保障。

安全生产教育和培训工作是一项系统工程，涉及本单位主管人事培训、财务劳资、安全管理、业务主管等多个部门以及人、财、物的安排。实践中，安排人员参加安全生产教育和培训往往最难处理和协调，安全生产管理机构要求培训，人事培训部门想组织培训，但业务主管部门不愿意培训，特别是涉及车间主任、班组长等人员，负责生产经营的业务主管部门担心影响本部门的生产经营业务活动和经济效益，不愿意安排进行教育和培训。因此，主要负责人有职责义务，组织有关人事培训、财务劳资、安全管理、业务主管等部门认真制定好本单位的安全生产教育和培训计划，并保证计划的落实，重点应当抓好新员工和调换工种的员工的安全生产教育和培训工作。

4. 保证本单位安全生产投入的有效实施

生产经营单位为了具备法律、行政法规以及国家标准或者行业标准规定的安全生产条件，需要一定的资金投入，用于安全设施设备建设、安全防护用品配备等。安全生产投入是保障生产经营单位具备安全生产条件的必要物质基础。对大量生产安全事故的分析表明，生产经营单位的安全生产投入不足是导致事故发生的重要原因之一。

生产经营单位的资金投入，一般都是由主要负责人决策，可谓"大权在握"。市场经济条件下，生产经营单位的主要负责人往往更重视经济效益，认为安全生产投入会影响经济效益，或者存在侥幸心理，不想或不愿在安全方面过多地投入。因此，《安全生产法》和有关法律、法规、规章要求生产经营单位必须保证安全生产投入。生产经营单位的主要负责人应当保证本单位有安全生产方面的投入有效实施，并保证这项投入真正用于本单位的安全生产工作，在经济效益与安全生产方面找到最佳结合点，促进安全地生产经营。

5. 督促、检查本单位的安全生产工作，及时消除生产安全事故隐患

"事故隐患"是指生产经营单位在生产设施、设备以及安全管理制度等方面存在的可能引发事故的各种自然或者人为因素，包括物的不安全状态、人的不安全行为以及管理上缺陷等。

隐患是导致事故的根源，隐患不除，事故难断。生产经营单位的主要负责人应当经常性地对本单位的安全生产工作进行督促、检查，对检查中发现的问题及时解决，对存在的生产安全事故隐患及时予以排除。

6. 组织制定并实施本单位的生产安全事故应急救援预案

生产安全事故应急预案，是指生产经营单位根据本单位的实际，针对可能发生的事故的类别、性质、特点和范围等情况制定的事故发生时组织、技术措施和其他应急措施。生产安全事故应急预案对于防止事故扩大和迅速抢救受害人员，尽可能地减少损失，具有重要的作用。它是一个涉及多方面工作的系统工程，需要生产经营单位主要负责人组织制定和实施，一旦发生事故也要亲自指挥、调度。

7. 及时、如实报告生产安全事故

发生生产安全事故，及时向有关部门报告，这一方面可以使有关部门及时配合生产经营单位进行抢救，防止事故扩大，减少人员伤亡和损失，如实掌握事故的情况，按照规定向社会披露相关事故信息；另一方面也有利于有关部门对事故进行调查处理，分析事故

的原因，处理有关责任人员，提出防范措施。生产经营单位的主要负责人应当按照《安全生产法》和其他有关法律、法规、规章的规定，及时、如实地报告生产安全事故，不得隐瞒不报、谎报或者迟报。

二、主要负责人的法律责任

1. 生产经营单位不依法投入安全生产费用的法律责任

生产经营单位应当具备的安全生产条件所必需的资金投入，由生产经营单位的决策机构、主要负责人或者个人经营的投资人予以保证，并对由于安全生产所必需的资金投入不足导致后果承担责任。

构成违法行为的主体，是生产经营单位的决策机构、主要负责人、个人经营的投资人，其客观表现为由于不依照规定保证安全生产所必需的资金投入，而导致生产经营单位不具备安全生产条件。对于有违法行为的，首先应由负责安全生产监督管理的部门责令生产经营单位的决策机构、主要负责人、个人经营的投资人在规定的期限内纠正违法行为，提供生产经营单位应当具备的安全生产条件所必需的资金。

如果违法行为人在规定的期限内仍然不改正的，责令生产经营单位停产停业整顿。责令停产停业，是指行政执法机关对违反行政管理秩序的企业事业单位，依法在一定期限内暂停其从事有关生产经营活动权利的行政处罚。

导致发生生产安全事故的，对生产经营单位的主要负责人给予其撤职处分。对个人经营的投资人处二万元以上二十万元以下的罚款。

导致发生生产安全事故，构成犯罪的，依照刑法有关规定追究刑事责任。

2. 生产经营单位主要负责人不履行安全生产管理责任的法律责任

生产经营单位的主要负责人不履行安全生产管理职责的，行政执法机关责其在规定的期限内，依照规定履行其应尽的安全生产管理职责。在规定的期限内，生产经营单位的主要负责人仍然没有按照规定纠正违法行为，履行其应尽职责的，对其处二万元以上五万元以下的罚款。通过对主要负责人的罚款，可以更直接、有效地督促其履行安全生产管理职责。在对主要负责人罚款的同时，生产经营单位也应当被责令停产停业整顿，直到生产经营单位的主要负责人按照相关规定履行了法定职责，才能恢复生产经营活动。这样既有主要负责人的个人责任，又有生产经营单位的责任。

生产经营单位的主要负责人未履行安全生产管理职责，导致发生生产安全事故，给予其撤职处分。构成犯罪的，依照刑法有关规定追究刑事责任。

生产经营单位的主要负责人依照规定受刑事处罚或者撤职处分的，自刑罚执行完毕或者受处分之日起，五年内不得担任任何生产经营单位的主要负责人。这里规定的起算时间，受到刑事处罚的，即从刑罚执行完毕之日起计算；受到处分的，即从处分之日起计算；既受到刑事处罚，又受到处分的，仍依此规定执行。对重大、特别重大生产安全事故负有责任的，终身不得担任本行业生产经营单位的主要负责人。

3. 对生产经营单位主要负责人的罚款

根据规定，对主要负责人的罚款有两个条件，一是其未履行安全生产管理职责，二是发生生产安全事故。如果主要负责人履行了安全生产管理职责，但由于其他原因仍然发生了生产安全事故，不适用该处罚规定。

该处罚规定结合生产安全事故的严重程度和主要负责人的收入确定处罚标准。

（1）发生一般事故，即造成三人以下死亡，或者十人以下重伤，或者一千万元以下直接经济损失的事故，处上一年年收入百分之三十的罚款。

（2）发生较大事故，即造成三人以上十人以下死亡，或者十人以上五十人以下重伤，或者一千万元以上五千万元以下直接经济损失的事故，处上一年年收入百分之四十的罚款。

（3）发生重大事故，即造成十人以上三十人以下死亡，或者五十人以上一百人以下重伤，或者五千万元以上一亿元以下直接经济损失的事故，处上一年年收入百分之六十的罚款。

（4）发生特别重大事故，即造成三十人以上死亡，或者一百人以上重伤，或者一亿元以上直接经济损失的事故，处上一年年收入百分之八十的罚款。

4. 对生产经营单位的主要负责人不立即组织抢救、擅离职守或者逃匿的处罚

生产经营单位的主要负责人有违法行为的，应予以下处罚：

（1）予以降级、撤职的处分。降级和撤职是两种法定的处分形式。生产经营单位的主要负责人在本单位发生生产安全事故时，不立即组织抢救或者在事故调查处理期间擅离职守或者逃匿，属于性质较为恶劣、情节较为严重的违法行为，相应予以降级和撤职处分，这也是两种相对较为严厉的处分。至于具体给予降级处分还是撤职处分，则根据行为人的违法情节进一步确定。同时，对该主要负责人由安监部门处其上一年年收入百分之六十至百分之百的罚款。

（2）对于发生事故后逃匿的，由公安机关依照治安管理处罚法规定的程序处十五日以下拘留。这是一种行政拘留，是在短期内限制人身自由的一种处罚措施。

（3）构成犯罪的，依照刑法有关规定追究刑事责任。这里讲的构成犯罪，对国有企业的负责人来说，主要是指构成刑法规定的关于国有公司、企业工作人员失职的犯罪。构成犯罪，须具备以下条件：一是实施了严重不负责任或者滥用职权的行为。在发生重大生产安全事故时，不立即组织抢救，就是一种严重不负责任的行为。二是在客观上造成了国有公司、企业的严重损失，致使国家利益遭受特别重大损失。依照刑法规定，国有公司、企业的工作人员，由于严重不负责任或者滥用职权，造成国有公司、企业严重损失，致使国家利益遭受特别重大损失的，处三年以下有期徒刑或者拘役；

致使国家利益遭受特别重大损失的，处三年以上七年以下有期徒刑。国有、事业单位的工作人员有上述行为，致使国家利益遭受重大损失的，依照上述的规定处罚。

第四节　安全生产管理机构和人员的安全职责及法律责任

一、安全生产管理机构和人员的安全职责

生产经营活动的安全进行，除了必要的物质保障和制度保障外，还要从人员上加以保障。因此，对于从事一些危险性较大的行业的生产经营单位或者是从业人员较多的生产经营单位，应当有专门的人员从事安全生产管理工作，对生产经营单位的安全生产工作进行经常性检查，对检查中发现的安全生产问题及时处理，对生产事故隐患及时排除。

生产经营单位的安全生产管理机构以及安全生产管理人员履行下列职责：

1. 组织或者参与拟订本单位安全生产规章制度、操作规程和生产安全事故应急救援预案

生产经营单位的安全生产规章制度和操作规程是根据其自身生产经营范围、危险程度、工作性质及具体工作内容，依照国家有关法律、行政法规、规章和标准，有针对性规定的、具有可操作性的、保障安全生产的工作运转制度及工作方式、方法和操作程序。生产安全事故应急预案，是指生产经营单位根据本单位的实际，针对可能发生的事故的类别、性质、特点和范围等情况制定的事故发生时组织、技术措施和其他应急措施。

2.组织或者参与本单位安全生产教育和培训，如实记录安全生产教育和培训情况

为了使安全生产教育和培训计划更有针对性、操作性，并保证计划的有效贯彻实施，安全生产管理机构有职责和义务，根据主要负责人的安排，负责组织拟订本单位的安全生产教育和培训计划，或者积极参与人事培训部门组织拟定本单位的安全生产教育和培训，以保证教育和培训计划符合本单位安全生产的实际，起到应有的作用。同时，安全生产管理机构还应当详细记录本单位安全生产教育和培训情况，及时掌握安全生产教育和培训计划的实施进展动向，向本单位主要负责人报告。

3.督促落实本单位重大危险源的安全管理措施

根据规定，重大危险源是指长期地或者临时地生产、搬运、使用或者储存危险物品，且危险物品的数量等于或者超过临界量的单元（包括场所和设施）。当然，构成重大危险源，还必须是危险物品的数量等于或者超过临界量。所谓临界量，是指一个数值，当某种危险物品的数量达到或者超过这个数值时，就有可能发生危险。重大危险源是危险物品大量聚集的地方，具有较大的危险性，而且一旦发生生产安全事故，将会对从业人员及相关人员的人身安全和财产造成比较大的损害。生产经营单位对重大危险源应当严格登记建档，采取有效的防护措施，并定期进行检查、检测、评估；有些重大危险源较多，情况严重的生产经营单位，还应当建立专门的安全监控系统，对重大危险源实施不间断的监控。因此，安全生产管理人员进行现场检查中现重大危险源未按照有关规定进行管理的，有权要求相应的业务部门进行督促整改。

4.组织或者参与本单位应急救援演练

开展应急救援演练是提高应急能力，检验生产安全事故应急救援预案有效性的重要途径。生产经营单位应当定期开展应急救援演练，及时修订应急预案，切实增强应急预案的有效性、针对性和操作性。安全生产管理机构应当根据本单位的安排，积极组织本单位

的应急演练，制定详细的工作方案，精心组织实施，确保应急演练取得效果。对于有关主管部门组织的区域应急演练，其中要求本单位参加的应急演练活动，或者本单位其他部门，包括应急救援机构组织的应急演练，安全生产管理机构都应当积极参与，并积极配合做好应急演练的相关工作。

5. 检查本单位的安全生产状况，及时排查生产安全事故隐患，提出改进安全生产管理的建议

安全生产管理机构以及安全生产管理人员的根本职责，就是及时排查生产安全事故隐患。安全生产管理机构应当根据本单位生产经营特点、风险分布、危害因素的种类和危害程度等情况，制定检查工作计划，明确检查对象、任务和频次。安全生产管理机构以及安全生产管理人员应当有计划、有步骤地巡查、检查本单位每个作业场所、设备、设施，不留死角。对于安全风险大、容易发生生产安全事故的地点，应当加大检查频次。对于检查中发现的生产安全事故隐患，应当要求立即整改或排除；不能立即整改或排除的，要求暂时停止作业或施工，责令有关业务部门、车间、班组提出整改措施，限期整改；如果有可能发生生产安全事故，危及从业人员生命健康的，立即采取撤离从业人员到安全地点的措施；对于迟迟未整改完成的事故隐患，应当及时向本单位主要负责人或者主管安全生产工作的负责人报告。在排查生产安全事故隐患的过程中，发现本单位在安全生产管理、技术、装备、人员等方面存在问题的，安全生产管理机构以及安全生产管理人员有责任及时提出改进的建议。

6. 制止和纠正违章指挥、强令冒险作业、违反操作规程的行为

安全生产管理机构以及安全生产管理人员对检查中发现的违章指挥、强令冒险作业、违反操作规程的行为，应当立即制止和纠正。为了促进从业人员遵章守纪，安全生产管理机构还应当将从业人员的违规记录纳入安全生产奖惩的内容，对违规者严肃处理；对于经常违规的人员，重新安排进行安全生产教育和培训；必要时，建议本单位主要负责人及相关负责人、有关职能部门、人事部门调离其

原工作岗位;情节严重的,建议本单位予以开除。只有这样,才能根本上纠正从业人员违章指挥、强令冒险作业、违反操作规程的行为。

7. 督促落实本单位安全生产整改措施

安全生产整改措施,包括重大事故隐患整改措施以及其他不安全问题整改措施,它是一项复杂的系统工程,包括整改的目标和任务、采取的方法和措施、经费和装备物资的落实、负责整改的机构和人员、整改的时限和要求、相应的安全措施和应急预案等,涉及"人、财、物"多个方面。按照"管生产必须管安全"的原则,落实安全生产整改措施应当由相关业务部门负责。为了保证安全生产整改措施及时得到落实,安全生产管理机构以及安全生产管理人员应当加强对有关业务主管部门的监督;对不按照规定落实安全生产整改措施的,应当及时向本单位主要负责人报告。

二、安全生产管理机构和人员的法律责任

安全生产管理人员应当依法履行安全生产管理职责,生产经营单位也要为安全生产管理人员依法履行职责提供便利,同时也要督促其依法履行职责。安全生产管理人员未依法履行安全生产管理职责的,有关部门应当责令限期改正。

安全生产管理人员未履行本法规定的安全生产管理职责而导致发生生产安全事故的,暂停或者撤销其与安全生产有关的资格。生产经营单位可以依法暂停该安全生产管理人员负责安全生产管理工作,也可以依法对其进行撤换。危险物品的生产、储存单位以及矿山、金属冶炼单位应当有注册安全工程师从事安全生产管理工作,注册安全工程师应当保证执业活动的质量,如果这些单位负责安全生产管理工作的注册安全工程师不依法履行职责而导致发生生产安全事故的,有关部门还可以撤销其资格。安全生产管理人员构成犯罪的,依照刑法有关规定追究刑事责任。

第一章 《安全生产法》

复习思考题

1. 《安全生产法》强调了什么安全生产理念？其具体内容包含哪些？

2. 《安全生产法》对安全生产工作机制作出了哪些规定？

3. 生产经营单位主要负责人应该履行哪些安全职责，未履行责任应负有哪些法律责任？

4. 安全生产管理机构和人员应该履行哪些安全职责，未履行责任应负有哪些法律责任？

第二章 新近制修订的安全生产法律法规及部门规章再学习

本章学习要点

◆ 熟练掌握新近制修订的安全生产法律中《职业病防治法》《消防法》的相关规定
◆ 掌握新近制修订的安全生产行政法规
◆ 理解新近制修订的安全生产部门规章

第一节 法律

一、《职业病防治法》

《职业病防治法》于2001年10月27日由第九届全国人民代表大会常务委员会第二十四次会议通过，自2002年5月1日起实施。根据2011年12月31日第十一届全国人民代表大会常务委员会第二十四次会议《关于修改〈中华人民共和国职业病防治法〉的决定》第一次修正，根据2016年7月2日第十二届全国人民代表大会常务委员会第二十一次会议《关于修改〈中华人民共和国节约能源法〉等六部法律的决定》第二次修正，根据2017年11月4日第十二届全国人民代表大会常务委员会第三十次会议《关于修改〈中华人民共和国会计法〉等十一部法律的决定》第三次修正，根据2018年12月29日第十三届全国人民代表大会常务委员会第七次会议《关于修改《中华人民共和国劳动法》等七部法律的决定》第四次修正。

《职业病防治法》相关内容如下：

（1）劳动者依法享有职业卫生保护的权利。用人单位应当为劳动者创造符合国家职业卫生标准和卫生要求的工作环境和条件，并采取措施保障劳动者获得职业卫生保护。

（2）用人单位应当建立、健全职业病防治责任制，加强对职业病防治的管理，提高职业病防治水平，对本单位产生的职业病危害承担责任。

（3）用人单位的主要负责人对本单位的职业病防治工作全面负责。

（4）用人单位必须依法参加工伤保险。

（5）产生职业病危害的用人单位的设立除应当符合法律、行政法规规定的设立条件外，其工作场所还应当符合下列职业卫生要求：

① 职业病危害因素的强度或者浓度符合国家职业卫生标准；

② 有与职业病危害防护相适应的设施；

③ 生产布局合理，符合有害与无害作业分开的原则；

④ 有配套的更衣间、洗浴间、孕妇休息间等卫生设施；

⑤ 设备、工具、用具等设施符合保护劳动者生理、心理健康的要求；

⑥ 法律、行政法规和国务院卫生行政部门、安全生产监督管理部门关于保护劳动者健康的其他要求。

（6）用人单位应当采取下列职业病防治管理措施：

① 设置或者指定职业卫生管理机构或者组织，配备专职或者兼职的职业卫生管理人员，负责本单位的职业病防治工作；

② 制定职业病防治计划和实施方案；

③ 建立、健全职业卫生管理制度和操作规程；

④ 建立、健全职业卫生档案和劳动者健康监护档案；

⑤ 建立、健全工作场所职业病危害因素监测及评价制度；

⑥ 建立、健全职业病危害事故应急救援预案。

（7）用人单位应当优先采用有利于防治职业病和保护劳动者健康的新技术、新工艺、新设备、新材料，逐步替代职业病危害严重的技术、工艺、设备、材料。

（8）产生职业病危害的用人单位，应当在醒目位置设置公告栏，公布有关职业病防治的规章制度、操作规程、职业病危害事故应急救援措施和工作场所职业病危害因素检测结果。对产生严重职业病危害的作业岗位，应当在其醒目位置，设置警示标识和中文警示说明。警示说明应当载明产生职业病危害的种类、后果、预防以及应急救治措施等内容。

（9）对可能发生急性职业损伤的有毒、有害工作场所，用人单位应当设置报警装置，配置现场急救用品、冲洗设备、应急撤离通道和必要的泄险区。对放射工作场所和放射性同位素的运输、贮存，用人单位必须配置防护设备和报警装置，保证接触放射线的工作人员佩戴个人剂量计。对职业病防护设备、应急救援设施和个人使用的职业病防护用品，用人单位应当进行经常性的维护、检修，定期检测其性能和效果，确保其处于正常状态，不得擅自拆除或者停止使用。

（10）用人单位应当实施由专人负责的职业病危害因素日常监测，并确保监测系统处于正常运行状态。

（11）用人单位与劳动者订立劳动合同（含聘用合同，下同）时，应当将工作过程中可能产生的职业病危害及其后果、职业病防护措施和待遇等如实告知劳动者，并在劳动合同中写明，不得隐瞒或者欺骗。

（12）用人单位的主要负责人和职业卫生管理人员应当接受职业卫生培训，遵守职业病防治法律、法规，依法组织本单位的职业病防治工作。

（13）对从事接触职业病危害的作业的劳动者，用人单位应当按照国务院安全生产监督管理部门、卫生行政部门的规定组织上岗前、在岗期间和离岗时的职业健康检查，并将检查结果书面告知劳动者。

职业健康检查费用由用人单位承担。

（14）用人单位应当为劳动者建立职业健康监护档案，并按照规定的期限妥善保存。职业健康监护档案应当包括劳动者的职业史、职业病危害接触史、职业健康检查结果和职业病诊疗等有关个人健康资料。劳动者离开用人单位时，有权索取本人职业健康监护档案复印件，用人单位应当如实、无偿提供，并在所提供的复印件上签章。

二、《消防法》

《消防法》于1998年4月29日由第九届全国人民代表大会常务委员会第二次会议通过，自1998年9月1日起实施。根据2008年10月28日第十一届全国人民代表大会常务委员会第五次会议修订；根据2019年4月23日第十三届全国人民代表大会常务委员会第十次会议《关于修改〈中华人民共和国建筑法〉等八部法律的决定》修正。

《消防法》相关规定如下：

（1）消防工作贯彻预防为主、防消结合的方针，按照政府统一领导、部门依法监管、单位全面负责、公民积极参与的原则，实行消防安全责任制，建立健全社会化的消防工作网络。

（2）任何单位和个人都有维护消防安全、保护消防设施、预防火灾、报告火警的义务。任何单位和成年人都有参加有组织的灭火工作的义务。

（3）机关、团体、企业、事业等单位应当履行下列消防安全职责：

① 落实消防安全责任制，制定本单位的消防安全制度、消防安全操作规程，制定灭火和应急疏散预案。

② 按照国家标准、行业标准配置消防设施、器材，设置消防安全标志，并定期组织检验、维修，确保完好有效。

③ 对建筑消防设施每年至少进行一次全面检测，确保完好有

效,检测记录应当完整准确,存档备查。

④ 保障疏散通道、安全出口、消防车通道畅通,保证防火防烟分区、防火间距符合消防技术标准。

⑤ 组织防火检查,及时消除火灾隐患。

⑥ 组织进行有针对性的消防演练。

⑦ 法律、法规规定的其他消防安全职责。

单位的主要负责人是本单位的消防安全责任人。

(4) 禁止在具有火灾、爆炸危险的场所吸烟、使用明火。因施工等特殊情况需要使用明火作业的,应当按照规定事先办理审批手续,采取相应的消防安全措施;作业人员应当遵守消防安全规定。

进行电焊、气焊等具有火灾危险作业的人员和自动消防系统的操作人员,必须持证上岗,并遵守消防安全操作规程。

(5) 任何单位、个人不得损坏、挪用或者擅自拆除、停用消防设施、器材,不得埋压、圈占、遮挡消火栓或者占用防火间距,不得占用、堵塞、封闭疏散通道、安全出口、消防车通道。人员密集场所的门窗不得设置影响逃生和灭火救援的障碍物。

(6) 任何人发现火灾都应当立即报警。任何单位、个人都应当无偿为报警提供便利,不得阻拦报警。严禁谎报火警。

第二节 行政法规

一、《生产安全事故应急条例》

《生产安全事故应急条例》于2018年12月5日由国务院第33次常务会议通过,以国务院令第708号公布,自2019年4月1日起施行。

该条例的相关要求如下:

(1) 生产经营单位应当加强生产安全事故应急工作,建立、健全生产安全事故应急工作责任制，其主要负责人对本单位的生产安全事故应急工作全面负责。

（2）生产经营单位应当针对本单位可能发生的生产安全事故的特点和危害，进行风险辨识和评估，制定相应的生产安全事故应急救援预案，并向本单位从业人员公布。

（3）易燃易爆物品、危险化学品等危险物品的生产、经营、储存、运输单位，应当建立应急救援队伍；其中，小型企业或者微型企业等规模较小的生产经营单位，可以不建立应急救援队伍，但应当指定兼职的应急救援人员，并且可以与邻近的应急救援队伍签订应急救援协议。工业园区、开发区等产业聚集区域内的生产经营单位，可以联合建立应急救援队伍。

（4）生产经营单位应当对从业人员进行应急教育和培训，保证从业人员具备必要的应急知识，掌握风险防范技能和事故应急措施。

（5）发生生产安全事故后，生产经营单位应当立即启动生产安全事故应急救援预案，采取下列一项或者多项应急救援措施，并按照国家有关规定报告事故情况：

① 迅速控制危险源，组织抢救遇险人员；

② 根据事故危害程度，组织现场人员撤离或者采取可能的应急措施后撤离；

③ 及时通知可能受到事故影响的单位和人员；

④ 采取必要措施，防止事故危害扩大和次生、衍生灾害发生；

⑤ 根据需要请求邻近的应急救援队伍参加救援，并向参加救援的应急救援队伍提供相关技术资料、信息和处置方法；

⑥ 维护事故现场秩序，保护事故现场和相关证据；

⑦ 法律、法规规定的其他应急救援措施。

二、《工伤保险条例》

《工伤保险条例》于2003年4月27日以国务院第375号令的形式颁布，2010年12月8日国务院第136次常务会议通过《国务院关

于修改〈工伤保险条例〉的决定》，修订后的《工伤保险条例》自2011年1月1日起施行。

《工伤保险条例》的相关规定如下：

（1）工伤保险基金。

① 用人单位应当按时缴纳工伤保险费。职工个人不缴纳工伤保险费。用人单位缴纳工伤保险费的数额为本单位职工工资总额乘以单位缴费费率之积。

② 工伤保险基金存入社会保障基金财政专户，用于本条例规定的工伤保险待遇、劳动能力鉴定以及法律、法规规定的用于工伤保险的其他费用的支付。

（2）工伤认定。

① 职工有下列情形之一的，应当认定为工伤：

a. 在工作时间和工作场所内，因工作原因受到事故伤害的；

b. 工作时间前后在工作场所内，从事与工作有关的预备性或者收尾性工作受到事故伤害的；

c. 在工作时间和工作场所内，因履行工作职责受到暴力等意外伤害的；

d. 患职业病的；

e. 因工外出期间，由于工作原因受到伤害或者发生事故下落不明的；

f. 在上下班途中，受到机动车事故伤害的；

g. 法律、行政法规规定应当认定为工伤的其他情形。

② 职工有下列情形之一的，视同工伤：

a. 在工作时间和工作岗位，突发疾病死亡或者在48小时之内经抢救无效死亡的；

b. 在抢险救灾等维护国家利益、公共利益活动中受到伤害的；

c. 职工原在军队服役，因战、因公负伤致残，已取得革命伤残军人证，到用人单位后旧伤复发的。

（3）劳动能力鉴定。

① 职工发生工伤,经治疗伤情相对稳定后存在残疾、影响劳动能力的,应当进行劳动能力鉴定。

② 劳动能力鉴定由用人单位、工伤职工或者其直系亲属向设区的市级劳动能力鉴定委员会提出申请,并提供工伤认定决定和职工工伤医疗的有关资料。

(4) 工伤保险待遇。

① 职工因工作遭受事故伤害或者患职业病进行治疗,享受工伤医疗待遇。

职工治疗工伤应当在签订服务协议的医疗机构就医,情况紧急时可以先到就近的医疗机构急救。

治疗工伤所需费用符合工伤保险诊疗项目目录、工伤保险药品目录、工伤保险住院服务标准的,从工伤保险基金支付。工伤保险诊疗项目目录、工伤保险药品目录、工伤保险住院服务标准,由国务院劳动保障行政部门会同国务院卫生行政部门、药品监督管理部门等部门规定。

职工住院治疗工伤的,由所在单位按照本单位因公出差伙食补助标准的70%发给住院伙食补助费;经医疗机构出具证明,报经办机构同意,工伤职工到统筹地区以外就医的,所需交通、食宿费用由所在单位按照本单位职工因公出差标准报销。

工伤职工治疗非工伤引发的疾病,不享受工伤医疗待遇,按照基本医疗保险办法处理。工伤职工到签订服务协议的医疗机构进行康复性治疗的费用,符合上述规定的,从工伤保险基金支付。

② 职工因工作遭受事故伤害或者患职业病需要暂停工作接受工伤医疗的,在停工留薪期内,原工资福利待遇不变,由所在单位按月支付。

③ 工伤职工已经评定伤残等级并经劳动能力鉴定委员会确认需要生活护理的,从工伤保险基金按月支付生活护理费。

④ 职工再次发生工伤,根据规定应当享受伤残津贴的,按照新认定的伤残等级享受伤残津贴待遇。

三、《生产安全事故报告和调查处理条例》

《生产安全事故报告和调查处理条例》于 2007 年 3 月 28 日经国务院第 172 次常务会议通过，自 2007 年 6 月 1 日起施行。

《生产安全事故报告和调查处理条例》共六章，四十六条，其主要内容是：

（1）扩大了适用范围。条例适用于生产经营活动中发生的造成人身伤亡或者直接经济损失的生产安全事故的报告和调查处理。

条例特别明确了环境污染事故、核设施事故、国防科研生产事故的报告和调查处理不适用本条例。

（2）划分了事故等级。根据事故造成的人员伤亡或者直接经济损失，将事故划分为一般事故、较大事故、重大事故、特别重大事故四个等级：

① 特别重大事故，是指造成 30 人以上死亡，或者 100 人以上重伤（包括急性工业中毒，下同），或者 1 亿元以上直接经济损失的事故；

② 重大事故，是指造成 10 人以上 30 人以下死亡，或者 50 人以上 100 人以下重伤，或者 5000 万元以上 1 亿元以下直接经济损失的事故；

③ 较大事故，是指造成 3 人以上 10 人以下死亡，或者 10 人以上 50 人以下重伤，或者 1000 万元以上 5000 万元以下直接经济损失的事故；

④ 一般事故，是指造成 3 人以下死亡，或者 10 人以下重伤，或者 1000 万元以下直接经济损失的事故。

上述所称的"以上"包括本数，所称的"以下"不包括本数。

（3）明确了事故报告的责任主体及内容、程序和时限。条例在突出事故报告应当及时、准确、完整，任何单位和个人对事故不得迟报、谎报、瞒报或漏报这一总体要求的同时，还从四个方面作出了规定：

① 明确了事故报告的责任主体。事故现场有关人员、事故发生单位的主要负责人、安全生产监督管理部门和负有安全生产监督管理职责的有关部门，以及有关地方人民政府都有报告事故的责任。

② 明确了事故报告的程序和时限。事故发生后，事故现场有关人员应当立即向本单位负责人报告，单位负责人应当于1小时内向事故发生地县级以上人民政府安全生产监督管理部门和负有安全生产监督管理职责的有关部门报告。安全生产监督管理部门和负有安全生产监督管理职责的有关部门接到事故报告后，应当按照事故的级别逐级上报事故情况，并且每级上报的时间不得超过2小时。

③ 规范了事故报告的内容。事故报告的内容应当包括事故发生单位概况、事故发生的时间、地点、简要经过和事故现场情况，事故已经造成或者可能造成的伤亡人数和初步估计的直接经济损失，以及已经采取的措施等。事故报告后出现新情况的，还应当及时补报。

④ 要求建立值班制度。方便人民群众报告和举报事故，强化社会监督。条例规定，安全生产监督管理部门和负有安全生产监督管理职责的有关部门应当建立值班制度，受理事故报告和举报。

（4）对事故调查及责任提出了四项规定。为了确保事故调查的客观、公正和高效，《条例》从四个方面做了规定：

① 明确了事故调查组组成的原则、组成单位以及事故调查组成员应当具备的基本条件。事故调查组应当遵循精简、效能的原则，由有关人民政府、安全生产监督管理部门、负有安全生产监督管理职责的有关部门、监察机关、公安机关以及工会派人组成，并邀请人民检察院派人参加。事故调查组成员应当具有事故调查所需要的知识和专长，并与所调查的事故没有直接利害关系。

② 明确了事故调查组的职责及其在事故调查中的职权。事故调查组的职责包括：查明事故发生的经过、原因、人员伤亡情况及直接经济损失，认定事故的性质和事故责任，提出对事故责任者的处理建议，总结事故教训，提出防范和整改措施，提交事故调查报告

等。事故调查组有权向有关单位和个人了解与事故有关的情况，并要求其提供相关文件、资料，有关单位和个人不得拒绝。

③ 对事故调查组成员的行为规范作了明确规定。事故调查组成员在事故调查工作中应当诚信公正、恪尽职守，遵守事故调查组的纪律，保守事故调查的秘密，未经事故调查组组长允许，不得擅自发布有关事故的信息。

④ 明确规定了提出事故调查报告的时限和事故调查报告的内容。原则上，事故调查组应当自事故发生之日起60日内提交事故调查报告；特殊情况下，提交事故调查报告的期限经批准可以延长，但延长的期限最长不超过60日。事故调查报告除了要包括事故发生单位概况、事故经过和救援情况、事故造成的人员伤亡和直接经济损失等内容外，还应当包括事故发生的原因和事故性质、事故责任的认定、对事故责任者的处理建议以及防范和整改措施等内容，并应当附具有关证据材料，由事故调查组成员签名。

（5）对事故处理提出了明确要求。

① 明确了事故调查报告的批复主体和批复的期限。事故调查报告由负责事故调查的人民政府批复。重大事故、较大事故、一般事故自收到事故调查报告之日起15日内作出批复；特别重大事故30日内作出批复，特殊情况下，批复时间可以适当延长，但延长的时间最长不超过30日。

② 对落实事故责任追究作了规定。即：有关机关对事故发生单位和有关人员进行行政处罚，对负有事故责任的国家工作人员进行处分；事故发生单位对本单位负有事故责任的人员进行处理；负有事故责任的人员涉嫌犯罪的，依法追究刑事责任。

③ 明确了防范和整改措施的落实及其监督检查。防范和整改措施由事故发生单位负责落实，落实情况除接受工会和职工的监督外，安全生产监督管理部门和负有安全生产监督管理职责的有关部门要进行监督检查。

④ 确立了事故处理情况的公布制度。事故处理情况除依法需要

保密的外,要向社会公布。

(6) 加大了对违法行为的惩处力度。条例对事故发生单位及其主要负责人和其他有关人员、中介机构及其有关人员,有关地方人民政府、安全生产监督管理部门和负有安全生产监督管理职责的有关部门及其有关人员,在事故报告和调查处理中的违法行为以及未履行安全生产职责导致事故发生等行为,都规定了力度较大的惩处措施,包括行政处罚、处分以及刑事责任等。

第三节 部门规章

一、《建设项目职业病防护设施"三同时"监督管理办法》

《建设项目职业病防护设施"三同时"监督管理办法》(国家安全生产监督管理总局令第 90 号)于 2017 年 1 月 10 日由原国家安全生产监督管理总局第 1 次局长办公会议审议通过,自 2017 年 5 月 1 日起施行。

该办法规定:

(1) 建设单位对可能产生职业病危害的建设项目,应当依照本办法进行职业病危害预评价、职业病防护设施设计、职业病危害控制效果评价及相应的评审,组织职业病防护设施验收,建立健全建设项目职业卫生管理制度与档案。

(2) 职业病防护设施设计完成后,属于职业病危害一般或者较重的建设项目,其建设单位主要负责人或其指定的负责人应当组织职业卫生专业技术人员对职业病防护设施设计进行评审,并形成是否符合职业病防治有关法律、法规、规章和标准要求的评审意见;属于职业病危害严重的建设项目,其建设单位主要负责人或其指定的负责人应当组织外单位职业卫生专业技术人员参加评审工作,并形成评审意见。

(3) 建设项目投入生产或者使用前，建设单位应当依照职业病防治有关法律、法规、规章和标准要求，采取下列职业病危害防治管理措施：

① 设置或者指定职业卫生管理机构，配备专职或者兼职的职业卫生管理人员；

② 制定职业病防治计划和实施方案；

③ 建立、健全职业卫生管理制度和操作规程；

④ 建立、健全职业卫生档案和劳动者健康监护档案；

⑤ 实施由专人负责的职业病危害因素日常监测，并确保监测系统处于正常运行状态；

⑥ 对工作场所进行职业病危害因素检测、评价；

⑦ 建设单位的主要负责人和职业卫生管理人员应当接受职业卫生培训，并组织劳动者进行上岗前的职业卫生培训；

⑧ 按照规定组织从事接触职业病危害作业的劳动者进行上岗前职业健康检查，并将检查结果书面告知劳动者；

⑨ 在醒目位置设置公告栏，公布有关职业病危害防治的规章制度、操作规程、职业病危害事故应急救援措施和工作场所职业病危害因素检测结果。对产生严重职业病危害的作业岗位，应当在其醒目位置，设置警示标识和中文警示说明；

⑩ 为劳动者个人提供符合要求的职业病防护用品；

⑪ 建立、健全职业病危害事故应急救援预案；

⑫ 职业病防治有关法律、法规、规章和标准要求的其他管理措施。

(4) 建设项目职业病危害预评价报告通过评审后，建设项目的生产规模、工艺等发生变更导致职业病危害风险发生重大变化的，建设单位应当对变更内容重新进行职业病危害预评价和评审。

二、《生产安全事故应急预案管理办法》

《生产安全事故应急预案管理办法》（国家安全生产监督管理总

局令第 88 号）于 2016 年 4 月 15 日由原国家安全生产监督管理总局第 13 次局长办公会议审议通过，自 2016 年 7 月 1 日起施行。

该办法规定：

（1）应急预案的管理实行属地为主、分级负责、分类指导、综合协调、动态管理的原则。

（2）生产经营单位主要负责人负责组织编制和实施本单位的应急预案，并对应急预案的真实性和实用性负责；各分管负责人应当按照职责分工落实应急预案规定的职责。

（3）编制应急预案应当成立编制工作小组，由本单位有关负责人任组长，吸收与应急预案有关的职能部门和单位的人员，以及有现场处置经验的人员参加。

（4）生产经营单位应急预案应当包括向上级应急管理机构报告的内容、应急组织机构和人员的联系方式、应急物资储备清单等附件信息。附件信息发生变化时，应当及时更新，确保准确有效。

（5）生产经营单位申报应急预案备案，应当提交下列材料：

① 应急预案备案申报表；

② 应急预案评审或者论证意见；

③ 应急预案文本及电子文档；

④ 风险评估结果和应急资源调查清单。

（6）生产经营单位应当制定本单位的应急预案演练计划，根据本单位的事故风险特点，每年至少组织一次综合应急预案演练或者专项应急预案演练，每半年至少组织一次现场处置方案演练。

三、《安全生产培训管理办法》

《安全生产培训管理办法》于 2012 年 1 月 19 日以国家安全生产监督管理总局令第 44 号发布。根据 2013 年 8 月 29 日国家安全监管总局令第 63 号《国家安全监管总局关于修改〈生产经营单位安全培训规定〉等 11 件规章的决定》第一次修正；根据 2015 年 5 月 29 日国家安全生产监督管理总局令第 80 号《国家安全监管总局关于废止和修改劳动防护用品和安全培训等领域十部规章的决定》第二次修正。

该办法相关规定如下：

（1）安全培训工作实行统一规划、归口管理、分级实施、分类指导、教考分离的原则。

（2）对从业人员的安全培训，具备安全培训条件的生产经营单位应当以自主培训为主，也可以委托具备安全培训条件的机构进行安全培训。不具备安全培训条件的生产经营单位，应当委托具有安全培训条件的机构对从业人员进行安全培训。生产经营单位委托其他机构进行安全培训的，保证安全培训的责任仍由本单位负责。

（3）生产经营单位应当建立安全培训管理制度，保障从业人员安全培训所需经费，对从业人员进行与其所从事岗位相应的安全教育培训；从业人员调整工作岗位或者采用新工艺、新技术、新设备、新材料的，应当对其进行专门的安全教育和培训。未经安全教育和培训合格的从业人员，不得上岗作业。

从业人员安全培训的时间、内容、参加人员以及考核结果等情况，生产经营单位应当如实记录并建档备查。

生产经营单位从业人员的培训内容和培训时间，应当符合《生产经营单位安全培训规定》和有关标准的规定。

（4）生产经营单位主要负责人、安全生产管理人员、特种作业人员以欺骗、贿赂等不正当手段取得安全合格证或者特种作业操作证的，除撤销其相关证书外，处 3000 元以下的罚款，并自撤销其相关证书之日起 3 年内不得再次申请该证书。

四、《用人单位职业健康监护监督管理办法》

《用人单位职业健康监护监督管理办法》（国家安全生产监督管理总局令第 49 号，以下简称《办法》）于 2012 年 3 月 6 日由原国家安全生产监督管理总局局长办公会议审议通过，自 2012 年 6 月 1 日起施行。

《办法》要求：

（1）用人单位是职业健康监护工作的责任主体，其主要负责人对本单位职业健康监护工作全面负责。

（2）用人单位应当依照本办法以及《职业健康监护技术规范》（GBZ 188）《放射工作人员职业健康监护技术规范》（GBZ 235）等国家职业卫生标准的要求，制定、落实本单位职业健康检查年度计划，并保证所需要的专项经费。

（3）用人单位应当组织劳动者进行职业健康检查，并承担职业健康检查费用。劳动者接受职业健康检查应当视同正常出勤。

（4）用人单位应当选择由省级以上人民政府卫生行政部门批准的医疗卫生机构承担职业健康检查工作，并确保参加职业健康检查的劳动者身份的真实性。

（5）用人单位在委托职业健康检查机构对从事接触职业病危害作业的劳动者进行职业健康检查时，应当如实提供下列文件、资料：

① 用人单位的基本情况；

② 工作场所职业病危害因素种类及其接触人员名册；

③ 职业病危害因素定期检测、评价结果。

（6）用人单位应当对下列劳动者进行上岗前的职业健康检查：

① 拟从事接触职业病危害作业的新录用劳动者，包括转岗到该作业岗位的劳动者；

② 拟从事有特殊健康要求作业的劳动者。

（7）用人单位不得安排未经上岗前职业健康检查的劳动者从事接触职业病危害的作业，不得安排有职业禁忌的劳动者从事其所禁忌的作业。用人单位不得安排未成年工从事接触职业病危害的作业，不得安排孕期、哺乳期的女职工从事对本人和胎儿、婴儿有危害的作业。

（8）用人单位应当根据劳动者所接触的职业病危害因素，定期安排劳动者进行在岗期间的职业健康检查。对在岗期间的职业健康检查，用人单位应当按照《职业健康监护技术规范》（GBZ 188）等国家职业卫生标准的规定和要求，确定接触职业病危害的劳动者的检查项目和检查周期。需要复查的，应当根据复查要求增加相应的检查项目。

五、《工作场所职业卫生监督管理规定》

《工作场所职业卫生监督管理规定》（总局令第47号，以下简称《规定》）于2012年3月6日由原国家安全生产监督管理总局局长办公会议审议通过，自2012年6月1日起施行。原国家安全生产监督管理总局2009年7月1日公布的《作业场所职业健康监督管理暂行规定》同时废止。

《规定》中要求：

（1）用人单位应当加强职业病防治工作，为劳动者提供符合法律、法规、规章、国家职业卫生标准和卫生要求的工作环境和条件，并采取有效措施保障劳动者的职业健康。

（2）用人单位是职业病防治的责任主体，并对本单位产生的职业病危害承担责任。用人单位的主要负责人对本单位的职业病防治工作全面负责。

（3）存在职业病危害的用人单位，应当委托具有相应资质的职业卫生技术服务机构，每年至少进行一次职业病危害因素检测。

（4）职业病危害严重的用人单位，除遵守上述（3）规定外，应当委托具有相应资质的职业卫生技术服务机构，每三年至少进行一次职业病危害现状评价。

（5）检测、评价结果应当存入本单位职业卫生档案，并向安全生产监督管理部门报告和劳动者公布。

复习思考题

1.《职业病防治法》要求"产生职业病危害的用人单位的设立除应当符合法律、行政法规规定的设立条件外，其工作场所还应当符合哪些职业卫生要求？"

2. 新修订的《消防法》在哪些方面做了修改?

3. 新修订的《工伤保险条例》的相关规定有哪些?

4. 新修订的《工作场所职业卫生监督管理规定》对用人单位提出了哪些要求?

第三章　安全管理知识再学习

本章学习要点

◆ 掌握安全生产标准化管理相关知识
◆ 熟练掌握现场安全管理
◆ 掌握消防安全管理知识
◆ 掌握安全生产应急管理
◆ 掌握职业健康管理知识

第一节　安全生产标准化管理

一、安全生产标准化概述

（一）企业安全生产标准化

根据《企业安全生产标准化基本规范》（GB/T 33000—2016），企业安全生产标准化是指企业通过落实安全生产主体责任，全员全过程参与，建立并保持安全生产管理体系，全面管控生产经营活动各环节的安全生产与职业卫生工作，实现安全健康管理系统化、岗位操作行为规范化、设备设施本质安全化、作业环境器具定置化，并持续改进。

企业安全生产标准化要求生产经营单位分析生产安全风险，建立预防机制，健全科学的安全生产责任制、安全生产管理制度和操作规程，各生产环节和相关岗位的安全工作符合法律法规、标准规程的要求，达到和保持一定的标准，并持续改进、完善和提高，使企业的人、机、环始终处在最好的安全状态下运行，进而保证和促进企业在安全的前提下健康快速发展。

安全生产标准化与《标准化法》中的"标准化"是不同的。《标准化法》中的"标准化"主要是通过制定、实施国家、行业等标准，来规范各种生产行为，以获得最佳生产秩序和社会效益的过程，二者有所不同。

（二）安全生产标准化活动与安全质量标准化

安全生产标准化活动是企业按照国家法律法规及标准，制定符合自身特点的各工种和岗位操作规程和作业场所标准，规范从业人员的行为，保障作业场所的安全条件，并逐步改进和提高标准，通过日常活动使安全生产工作标准化、制度化和长效化。安全生产标准化活动实质就是贯彻国家安全生产法律法规和相关标准规范，安全生产标准化活动的核心就是对照标准进行隐患排查整改，安全生产标准化活动的目的就是企业不断提高安全生产水平，达到安全标准，实现本质安全。

安全生产标准化活动源自安全生产质量标准化工作，而安全质量标准化，就是将标准化工作引入和延伸到安全工作中，它是企业全部标准化工作中最重要的组成部分。

安全质量标准化是煤矿企业率先提出的，是煤矿安全工作的一项创新。与传统意义上的质量标准化相比较有所不同：

一是突出了"安全第一"的方针；

二是强调企业安全生产工作的规范化和标准化；

三是体现了安全与质量之间的内在联系，把安全和质量作为一项完整的工作来抓；

四是起点更高，标准更严。

（三）安全生产标准化活动与安全标准化工作

安全生产标准化活动涵盖标准化工作，标准化工作是安全生产标准化活动的基础，安全生产标准化活动是标准化工作的载体和实现形式。安全生产标准化活动首先包括企业内部的标准化工作，即企业制定和执行符合自身特点的安全生产标准规范和操作规程，同时也包括全员排查安全隐患、持续改进提高安全生产水平等活动。其实质是把安全生产标准化工作提升为一种持续开展、全员参与的"日常活动"，强调的是通过开展相关活动，实现安全生产标准化工作的常态化、制度化和长效化。

（四）安全生产标准化活动与创建"安全生产标准化企业"

安全生产标准化活动是企业建立安全生产标准化体系，并运行和不断改进的过程。开展安全生产标准化活动的核心是使企业不断达到更高的安全标准，提高安全生产整体水平。按照有关要求，企业必须开展安全生产标准化活动，具有一定的强制性。

而创建标准化企业，通过有资质的中介机构评定达到标准化企业，是企业的一种自愿行为。但两者之间是相辅相成的，通过全面推动安全生产标准化活动，促使更多企业参与创建标准化企业，用更高的标准来提升企业的总体安全水平；另一方面，更多的企业达到标准化企业，会更进一步印证标准化活动的水平和活力。

（五）安全生产标准化活动与职业安全体系认证

安全生产标准化活动是为了贯彻国家法规、标准，是政府的强制行为，而体系认证为企业自愿行为；体系认证规定的体现的是原则，执行和操作起来比较抽象；而安全生产标准化活动，具有更强的可操作性和实效性。

体系认证和安全标准化活动的宗旨是不同的：

ISO9000——顾客满意；

ISO14000——社会满意；

OHSAS18001——员工满意；

安全生产标准化——政府满意。

职业健康安全管理体系的适用对象是用人单位，而安全标准化体系主要适用于生产经营单位。两者并不矛盾，没有建立体系的企业，在开展安全标准化基础上，通过文件化和监控程序，完成体系的建立工作。已建立体系的企业，开展安全标准化，能完善程序文件，增加其操作性，把体系运行效果提高到更高层次。

（六）安全生产标准化的特点

与以往传统意义上的企业质量标准化、企业管理标准化、企业工作标准化相比，安全生产标准化具有以下鲜明的特点：

1. 强制性

依据《国务院关于进一步加强企业安全生产工作的通知》《国务院关于坚持科学发展安全发展促进安全生产形势持续稳定好转的意见》《国务院安委会关于深入开展企业安全生产标准化建设的指导意见》等有关规定，企业必须开展安全生产标准化活动。

安全生产标准化活动是企业按照国家法律法规及标准，制定符合自身特点的各工种和岗位操作规程和作业场所标准，规范从业人员的行为，保障作业场所的安全条件，并逐步改进和提高标准，通过日常活动使安全生产工作标准化、制度化和长效化。

安全生产标准化活动实质就是贯彻国家安全生产法律法规和相关标准规范，安全生产标准化活动的核心就是对照标准进行隐患排查整改，安全生产标准化活动的目的就是企业不断提高安全生产水平，达到安全标准，实现本质安全。

2. 群众性

安全生产标准化活动要求企业全体员工必须参加。全体员工无论是管理者还是实际操作者，都要结合各自的工种、岗位学习国家法律、法规和技术标准，排查生产工艺过程、环节和操作行为存在的安全隐患，对不符合国家法律、法规和技术标准的工艺、环节或操作行为进行改造、改进，实现安全水平的提高。

通过安全生产标准化活动，一方面系统培养和加强全体员工的遵纪守法意识、"安全第一""安全无小事""我要安全"的思想意识；另一方面，使全体员工系统掌握与岗位相适应的安全知识和排查安全隐患能力，以及应急自救和逃生技能。

3. 系统性

安全生产标准化活动覆盖企业生产经营的各个方面，不仅包括生产活动，也包括管理活动；不仅包括各工艺环节的安全标准化，也包括后勤保障各环节的安全标准化；不仅包括技术标准，而且包括操作规范；不仅涉及到每个岗位的安全操作，而且涉及到每个员工的责任和行动。由此可见，安全生产标准化覆盖企业生产经营全过程各个层面、各个岗位和人员，使企业实现全员、全过程、全方位安全生产。

4. 动态性

企业开展安全生产标准化活动的具体内容，每个企业、每个行业、每个地区，都可以有所区别、各有特点。即使在同一企业，随着环境改变、科技发展以及企业自身的变化，标准化活动的内容也将逐步丰富、不断完善和提高，在开展安全生产标准化活动中，允许并鼓励企业根据各自的实际情况和生产特点，按照学习、实践、改进、提高的模式，对开展安全生产标准化活动的形式、方式和具体内容进行动态调整、创新发展。

二、安全生产标准化建设管理制度

（一）目标职责的要求

1. 对"目标"的要求

企业应根据自身安全生产实际，制定文件化的总体和年度安全生产与职业卫生目标，并纳入企业总体生产经营目标。明确目标的制定、分解、实施、检查、考核等环节要求，并按照所属基层单位和部门在生产经营活动中所承担的职能，将目标分解为指标，确保落实。

企业应定期对安全生产与职业卫生目标、指标实施情况进行评估和考核,并结合实际及时进行调整。

2. 对"机构和职责"的要求

(1) 机构设置。企业应落实安全生产组织领导机构,成立安全生产委员会,并应按照有关规定设置安全生产和职业卫生管理机构,或配备相应的专职或兼职安全生产和职业卫生管理人员,按照有关规定配备注册安全工程师,建立健全从管理机构到基层班组的管理网络。

(2) 对"主要负责人及管理层职责"的要求。

① 企业主要负责人全面负责安全生产和职业卫生工作,并履行相应责任和义务。

② 分管负责人应对各自职责范围内的安全生产和职业卫生工作负责。

③ 各级管理人员应按照安全生产和职业卫生责任制的相关要求,履行其安全生产和职业卫生职责。

3. 对"全员参与"的要求

企业应建立健全安全生产和职业卫生责任制,明确各级部门和从业人员的安全生产和职业卫生职责,并对职责的适宜性、履职情况进行定期评估和监督考核。

企业应为全员参与安全生产和职业卫生工作创造必要的条件,建立激励约束机制,鼓励从业人员积极建言献策,营造自下而上、自上而下全员重视安全生产和职业卫生的良好氛围,不断改进和提升安全生产和职业卫生管理水平。

4. 对"安全生产投入"的要求

企业应建立安全生产投入保障制度,按照有关规定提取和使用安全生产费用,并建立使用台账。企业应按照有关规定,为从业人员缴纳相关保险费用。企业宜投保安全生产责任保险。

5. 对"安全文化建设"的要求

企业应开展安全文化建设,确立本企业的安全生产和职业病危害防治理念及行为准则,并教育、引导全体从业人员贯彻执行。企业开展安全文化建设活动,应符合《企业安全文化建设导则》(AQ/T 9004)的规定。

6. 对"安全生产信息化建设"的要求

企业应根据自身实际情况,利用信息化手段加强安全生产管理工作,开展安全生产电子台账管理、重大危险源监控、职业病危害防治、应急管理、安全风险管控和隐患自查自报、安全生产预测预警等信息系统的建设。

(二) 制度化管理的要求

1. 对"法规标准识别"的要求

企业应建立安全生产和职业卫生法律法规、标准规范的管理制度,明确主管部门,确定获取的渠道、方式,及时识别和获取适用、有效的法律法规、标准规范,建立安全生产和职业卫生法律法规、标准规范清单和文本数据库。企业应将适用的安全生产和职业卫生法律法规、标准规范的相关要求及时转化为本单位的规章制度、操作规程,并及时传达给相关从业人员,确保相关要求落实到位。

2. 对"规章制度"的要求

企业应建立健全安全生产和职业卫生规章制度,并征求工会及从业人员意见和建议,规范安全生产和职业卫生管理工作。

企业应确保从业人员及时获取制度文本。

企业安全生产和职业卫生规章制度包括但不限于下列内容:

——目标管理;
——安全生产和职业卫生责任制;
——安全生产承诺;
——安全生产投入;
——安全生产信息化;
——四新(新技术、新材料、新工艺、新设备设施)管理;
——文件、记录和档案管理;
——安全风险管理、隐患排查治理;

——职业病危害防治；

——教育培训；

——班组安全活动；

——特种作业人员管理；

——建设项目安全设施、职业病防护设施"三同时"管理；

——设备设施管理；

——施工和检维修安全管理；

——危险物品管理；

——危险作业安全管理；

——安全警示标志管理；

——安全预测预警；

——安全生产奖惩管理；

——相关方安全管理；

——变更管理；

——个体防护用品管理；

——应急管理；

——事故管理；

——安全生产报告；

——绩效评定管理。

3. 对"操作规程"的要求

① 企业应按照有关规定，结合本企业生产工艺、作业任务特点以及岗位作业安全风险与职业病防护要求，编制齐全适用的岗位安全生产和职业卫生操作规程，发放到相关岗位员工，并严格执行。

② 企业应确保从业人员参与岗位安全生产和职业卫生操作规程的编制和修订工作。

③ 企业应在新技术、新材料、新工艺、新设备设施投入使用前，组织制修订相应的安全生产和职业卫生操作规程，确保其适宜性和有效性。

4．对"文档管理"的要求

（1）记录管理。

① 企业应建立文件和记录管理制度，明确安全生产和职业卫生规章制度、操作规程的编制、评审、发布、使用、修订、作废以及文件和记录管理的职责、程序和要求。

② 企业应建立健全主要安全生产和职业卫生过程与结果的记录，并建立和保存有关记录的电子档案，支持查询和检索，便于自身管理使用和行业主管部门调取检查。

（2）评估。企业应每年至少评估一次安全生产和职业卫生法律法规、标准规范、规章制度、操作规程的适宜性、有效性和执行情况。

（3）修订。企业应根据评估结果、安全检查情况、自评结果、评审情况、事故情况等，及时修订安全生产和职业卫生规章制度、操作规程。

（三）教育培训的要求

1．对"教育培训管理"的要求

① 企业应建立健全安全教育培训制度，按照有关规定进行培训。培训大纲、内容、时间应满足有关标准的规定。

② 企业安全教育培训应包括安全生产和职业卫生的内容。

③ 企业应明确安全教育培训主管部门，定期识别安全教育培训需求，制定、实施安全教育培训计划，并保证必要的安全教育培训资源。

④ 企业应如实记录全体从业人员的安全教育和培训情况，建立安全教育培训档案和从业人员个人安全教育培训档案，并对培训效果进行评估和改进。

2．对"人员教育培训"的要求

（1）主要负责人和管理人员。

① 企业的主要负责人和安全生产管理人员应具备与本企业所从事的生产经营活动相适应的安全生产和职业卫生知识与能力。

② 企业应对各级管理人员进行教育培训，确保其具备正确履行岗位安全生产和职业卫生职责的知识与能力。

③ 法律法规要求考核其安全生产和职业卫生知识与能力的人员，应按照有关规定经考核合格。

（2）从业人员。企业应对从业人员进行安全生产和职业卫生教育培训，保证从业人员具备满足岗位要求的安全生产和职业卫生知识，熟悉有关的安全生产和职业卫生法律法规、规章制度、操作规程，掌握本岗位的安全操作技能和职业危害防护技能、安全风险辨识和管控方法，了解事故现场应急处置措施，并根据实际需要，定期进行复训考核。

① 未经安全教育培训合格的从业人员，不应上岗作业。

② 煤矿、非煤矿山、危险化学品、烟花爆竹、金属冶炼等企业应对新上岗的临时工、合同工、劳务工、轮换工、协议工等进行强制性安全培训，保证其具备本岗位安全操作、自救互救以及应急处置所需的知识和技能后，方能安排上岗作业。

③ 企业的新入厂（矿）从业人员上岗前应经过厂（矿）、车间（工段、区、队）、班组三级安全培训教育，岗前安全教育培训学时和内容应符合国家和行业的有关规定。

④ 在新工艺、新技术、新材料、新设备设施投入使用前，企业应对有关从业人员进行专门的安全生产和职业卫生教育培训，确保其具备相应的安全操作、事故预防和应急处置能力。

⑤ 从业人员在企业内部调整工作岗位或离岗一年以上重新上岗时，应重新进行车间（工段、区、队）和班组级的安全教育培训。

⑥ 从事特种作业、特种设备作业的人员应按照有关规定，经专门安全作业培训，考核合格，取得相应资格后，方可上岗作业，并定期接受复审。

⑦ 企业专职应急救援人员应按照有关规定，经专门应急救援培训，考核合格后，方可上岗，并定期参加复训。

其他从业人员每年应接受再培训，再培训时间和内容应符合国家和地方政府的有关规定。

（3）外来人员。企业应对进入企业从事服务和作业活动的承包商、供应商的从业人员和接收的中等职业学校、高等学校实习生，进行入厂（矿）安全教育培训，并保存记录。

外来人员进入作业现场前，应由作业现场所在单位对其进行安全教育培训，并保存记录。主要内容包括：外来人员入厂（矿）有关安全规定、可能接触到的危害因素、所从事作业的安全要求、作业安全风险分析及安全控制措施、职业病危害防护措施、应急知识等。

企业应对进入企业检查、参观、学习等外来人员进行安全教育，主要内容包括：安全规定、可能接触到的危险有害因素、职业病危害防护措施、应急知识等。

三、安全生产标准化建设工作制度

（一）现场管理的要求

1. 对"设备设施管理"的要求

（1）设备设施建设。企业总平面布置应符合《工业企业总平面设计规范》（GB 50187）的规定，建筑设计防火和建筑灭火器配置应分别符合《建筑设计防火规范》（GB 50016）和《建筑灭火器配置设计规范》（GB 50140）的规定。建设项目的安全设施和职业病防护设施应与建设项目主体工程同时设计、同时施工、同时投入生产和使用。

企业应按照有关规定进行建设项目安全生产、职业病危害评价，严格履行建设项目安全设施和职业病防护设施设计审查、施工、试运行、竣工验收等管理程序。

（2）设备设施验收。企业应执行设备设施采购、到货验收制度，购置、使用设计符合要求、质量合格的设备设施。设备设施安装后企业应进行验收，并对相关过程及结果进行记录。

（3）设备设施运行。

① 企业应对设备设施进行规范化管理，建立设备设施管理台账。

② 企业应有专人负责管理各种安全设施以及检测与监测设备，定期检查维护并做好记录。

③ 企业应针对高温、高压和生产、使用、储存易燃、易爆、有毒、有害物质等高风险设备，以及海洋石油开采特种设备和矿山井下特种设备，建立运行、巡检、保养的专项安全管理制度，确保其始终处于安全可靠的运行状态。

④ 安全设施和职业病防护设施不应随意拆除、挪用或弃置不用；确因检维修拆除的，应采取临时安全措施，检维修完毕后立即复原。

（4）设备设施检维修。企业应建立设备设施检维修管理制度，制定综合检维修计划，加强日常检维修和定期检维修管理，落实"五定"原则，即定检维修方案、定检维修人员、定安全措施、定检维修质量、定检维修进度，并做好记录。

检维修方案应包含作业安全风险分析、控制措施、应急处置措施及安全验收标准。检维修过程中应执行安全风险控制措施，隔离能量和危险物质，并进行监督检查，检维修后应进行安全确认。检维修过程中涉及危险作业的，应按照《企业安全生产标准化基本规范》（GB/T 33000－2016）中相关规定执行。

（5）检测检验。特种设备应按照有关规定，委托具有专业资质的检测、检验机构进行定期检测、检验。涉及人身安全、危险性较大的海洋石油开采特种设备和矿山井下特种设备，应取得矿用产品安全标志或相关安全使用证。

（6）设备设施拆除、报废。企业应建立设备设施报废管理制度。设备设施的报废应办理审批手续，在报废设备设施拆除前应制定方案，并在现场设置明显的报废设备设施标志。报废、拆除涉及许可作业的，应按照《企业安全生产标准化基本规范》（GB/T 33000－2016）中相关规定执行，并在作业前对相关作业人员进行培训和安全技术交底。报废、拆除应按方案和许可内容组织落实。

2. 对"作业安全"的要求

（1）作业环境和作业条件。

① 企业应事先分析和控制生产过程及工艺、物料、设备设施、器材、通道、作业环境等存在的安全风险。

② 生产现场应实行定置管理，保持作业环境整洁。

③ 生产现场应配备相应的安全、职业病防护用品（具）及消防设施与器材，按照有关规定设置应急照明、安全通道，并确保安全通道畅通。

④ 企业应对临近高压输电线路作业、危险场所动火作业、有（受）限空间作业、临时用电作业、爆破作业、封道作业等危险性较大的作业活动，实施作业许可管理，严格履行作业许可审批手续。作业许可应包含安全风险分析、安全及职业病危害防护措施、应急处置等内容。作业许可实行闭环管理。

⑤ 企业应对作业人员的上岗资格、条件等进行作业前的安全检查，做到特种作业人员持证上岗，并安排专人进行现场安全管理，确保作业人员遵守岗位操作规程和落实安全及职业病危害防护措施。

⑥ 企业应采取可靠的安全技术措施，对设备能量和危险有害物质进行屏蔽或隔离。

⑦ 两个以上作业队伍在同一作业区域内进行作业活动时，不同作业队伍相互之间应签订管理协议，明确各自的安全生产、职业卫生管理职责和采取的有效措施，并指定专人进行检查与协调。

⑧ 危险化学品生产、经营、储存和使用单位的特殊作业，应符合《化学品生产单位特殊作业安全规范》（GB 30871）的规定。

（2）作业行为。

① 企业应依法合理进行生产作业组织和管理，加强对从业人员作业行为的安全管理，对设备设施、工艺技术以及从业人员作业行为等进行安全风险辨识，采取相应的措施，控制作业行为安全风险。

② 企业应监督、指导从业人员遵守安全生产和职业卫生规章制

度、操作规程，杜绝违章指挥、违规作业和违反劳动纪律的"三违"行为。

③ 企业应为从业人员配备与岗位安全风险相适应的、符合《个体防护装备选用规范》（GB/T 11651）规定的个体防护装备与用品，并监督、指导从业人员按照有关规定正确佩戴、使用、维护、保养和检查个体防护装备与用品。

（3）岗位达标。

① 企业应建立班组安全活动管理制度，开展岗位达标活动，明确岗位达标的内容和要求。

② 从业人员应熟练掌握本岗位安全职责、安全生产和职业卫生操作规程、安全风险及管控措施、防护用品使用、自救互救及应急处置措施。

③ 各班组应按照有关规定开展安全生产和职业卫生教育培训、安全操作技能训练、岗位作业危险预知、作业现场隐患排查、事故分析等工作，并做好记录。

（4）相关方。

① 企业应建立承包商、供应商等安全管理制度，将承包商、供应商等相关方的安全生产和职业卫生纳入企业内部管理，对承包商、供应商等相关方的资格预审、选择、作业人员培训、作业过程检查监督、提供的产品与服务、绩效评估、续用或退出等进行管理。

② 企业应建立合格承包商、供应商等相关方的名录和档案，定期识别服务行为安全风险，并采取有效的控制措施。

③ 企业不应将项目委托给不具备相应资质或安全生产、职业病防护条件的承包商、供应商等相关方。企业应与承包商、供应商等签订合作协议，明确规定双方的安全生产及职业病防护的责任和义务。

④ 企业应通过供应链关系促进承包商、供应商等相关方达到安全生产标准化要求。

3. 对"职业健康"的要求

（1）基本要求。

① 企业应为从业人员提供符合职业卫生要求的工作环境和条件，为接触职业病危害的从业人员提供个人使用的职业病防护用品，建立、健全职业卫生档案和健康监护档案。

产生职业病危害的工作场所应设置相应的职业病防护设施，并符合《工业企业设计卫生标准》（GBZ 1）的规定。

② 企业应确保使用有毒、有害物品的工作场所与生活区、辅助生产区分开，工作场所不应住人；将有害作业与无害作业分开，高毒工作场所与其他工作场所隔离。

对可能导致发生急性职业病危害的有毒、有害工作场所，应设置检测报警装置，制定应急预案，配置现场急救用品、设备，设置应急撤离通道和必要的泄险区，并定期检查监测。

③ 企业应组织从业人员进行上岗前、在岗期间、特殊情况应急后和离岗时的职业健康检查，将检查结果书面如实告知从业人员并存档。对检查结果异常的从业人员，应及时就医，并定期复查。企业不应安排未经职业健康检查的从业人员从事接触职业病危害的作业；不应安排有职业禁忌的从业人员从事禁忌作业。从业人员的职业健康监护应符合《职业健康监护技术规范》（GBZ 188）的规定。

各种防护用品、各种防护器具应定点存放在安全、便于取用的地方，建立台账，并有专人负责保管，定期校验、维护和更换。

涉及放射工作场所和放射性同位素运输、贮存的企业，应配置防护设备和报警装置，为接触放射线的从业人员佩戴个人剂量计。

（2）职业病危害告知。

① 企业与从业人员订立劳动合同时，应将工作过程中可能产生的职业病危害及其后果和防护措施如实告知从业人员，并在劳动合同中写明。

② 企业应按照有关规定，在醒目位置设置公告栏，公布有关职业病防治的规章制度、操作规程、职业病危害事故应急救援措施和工作场所职业病危害因素检测结果。对存在或产生职业病危害的工作场所、作业岗位、设备、设施，应在醒目位置设置警示标识和中

文警示说明；使用有毒物品作业场所，应设置黄色区域警示线、警示标识和中文警示说明；高毒作业场所应设置红色区域警示线、警示标识和中文警示说明，并设置通讯报警设备。高毒物品作业岗位职业病危害告知应符合《高毒物品作业岗位职业病危害告知规范》（GBZ/T 203）的规定。

(3) 职业病危害项目申报。企业应按照有关规定，及时、如实向所在地安全监督管理部门申报职业病危害项目，并及时更新信息。

(4) 职业病危害检测与评价。

① 企业应改善工作场所职业卫生条件，控制职业病危害因素浓（强）度不超过《工作场所有害因素职业接触限值 第1部分：化学有害因素》（GBZ 2.1）、《工作场所有害因素职业接触限值 第2部分：物理因素》（GBZ 2.2）规定的限值。

② 企业应对工作场所职业病危害因素进行日常监测，并保存监测记录。存在职业病危害的，应委托具有相应资质的职业卫生技术服务机构进行定期检测，每年至少进行一次全面的职业病危害因素检测；职业病危害严重的，应委托具有相应资质的职业卫生技术服务机构，每三年至少进行一次职业病危害现状评价。检测、评价结果存入职业卫生档案，并向安全监督管理部门报告，向从业人员公布。

③ 定期检测结果中职业病危害因素浓度或强度超过职业接触限值的，企业应根据职业卫生技术服务机构提出的整改建议，结合本单位的实际情况，制定切实有效的整改方案，立即进行整改。整改落实情况应有明确的记录并存入职业卫生档案备查。

4. 对"警示标志"的要求

① 企业应按照有关规定和工作场所的安全风险特点，在有重大危险源、较大危险因素和严重职业病危害因素的工作场所，设置明显的、符合有关规定要求的安全警示标志和职业病危害警示标识。其中，警示标志的安全色和安全标志应分别符合《安全色》（GB 2893）和《安全标志及其使用导则》（GB 2894）的规定，道路交通标志和标线应符合《道路交通标志和标线》（GB 5768）的规定，工

业管道安全标识应符合《工业管道的基本识别色、识别符号和安全标识》（GB 7231）的规定，消防安全标志应符合《消防安全标志》（GB 13495）的规定，工作场所职业病危害警示标识应符合《工作场所职业病危害警示标识》（GBZ 158）的规定。安全警示标志和职业病危害警示标识应标明安全风险内容、危险程度、安全距离、防控办法、应急措施等内容；在有重大隐患的工作场所和设备设施上设置安全警示标志，标明治理责任、期限及应急措施；在有安全风险的工作岗位设置安全告知卡，告知从业人员本企业、本岗位主要危险有害因素、后果、事故预防及应急措施、报告电话等内容。

② 企业应定期对警示标志进行检查维护，确保其完好有效。

③ 企业应在设备设施施工、吊装、检维修等作业现场设置警戒区域和警示标志，在检维修现场的坑、井、渠、沟、陡坡等场所设置围栏和警示标志，进行危险提示、警示，告知危险的种类、后果及应急措施等。

(二) 安全风险管控及隐患排查治理的要求

1. 对"安全风险管理"的要求

（1）安全风险辨识。

① 企业应建立安全风险辨识管理制度，组织全员对本单位安全风险进行全面、系统的辨识。

② 安全风险辨识范围应覆盖本单位的所有活动及区域，并考虑正常、异常和紧急三种状态及过去、现在和将来三种时态。安全风险辨识应采用适宜的方法和程序，且与现场实际相符。

③ 企业应对安全风险辨识资料进行统计、分析、整理和归档。

（2）安全风险评估。企业应建立安全风险评估管理制度，明确安全风险评估的目的、范围、频次、准则和工作程序等。

企业应选择合适的安全风险评估方法，定期对所辨识出的存在安全风险的作业活动、设备设施、物料等进行评估。在进行安全风险评估时，至少应从影响人、财产和环境三个方面的可能性和严重程度进行分析。

矿山、金属冶炼和危险物品生产、储存企业，每 3 年应委托具备规定资质条件的专业技术服务机构对本企业的安全生产状况进行安全评价。

(3) 安全风险控制。

① 企业应选择工程技术措施、管理控制措施、个体防护措施等，对安全风险进行控制。

② 企业应根据安全风险评估结果及生产经营状况等，确定相应的安全风险等级，对其进行分级分类管理，实施安全风险差异化动态管理，制定并落实相应的安全风险控制措施。

③ 企业应将安全风险评估结果及所采取的控制措施告知相关从业人员，使其熟悉工作岗位和作业环境中存在的安全风险，掌握、落实应采取的控制措施。

(4) 变更管理。企业应制定变更管理制度。变更前应对变更过程及变更后可能产生的安全风险进行分析，制定控制措施，履行审批及验收程序，并告知和培训相关从业人员。

2. 对"重大危险源辨识与管理"的要求

① 企业应建立重大危险源管理制度，全面辨识重大危险源，对确认的重大危险源制定安全管理技术措施和应急预案。

涉及危险化学品的企业应按照《危险化学品重大危险源辨识》(GB 18218)的规定，进行重大危险源辨识和管理。

② 企业应对重大危险源进行登记建档，设置重大危险源监控系统，进行日常监控，并按照有关规定向所在地安全监督管理部门备案。重大危险源安全监控系统应符合《危险化学品重大危险源安全监控通用技术规范》(AQ 3035)的技术规定。

含有重大危险源的企业应将监控中心（室）视频监控数据、安全监控系统状态数据和监测数据与有关安全监管部门监管系统联网。

3. 对"隐患排查治理"的要求

(1) 隐患排查。

① 企业应建立隐患排查治理制度，逐级建立并落实从主要负责

人到每位从业人员的隐患排查治理和防控责任制。并按照有关规定组织开展隐患排查治理工作，及时发现并消除隐患，实行隐患闭环管理。

② 企业应根据有关法律法规、标准规范等，组织制定各部门、岗位、场所、设备设施的隐患排查治理标准或排查清单，明确隐患排查的时限、范围、内容、频次和要求，并组织开展相应的培训。隐患排查的范围应包括所有与生产经营相关的场所、人员、设备设施和活动，包括承包商、供应商等相关方服务范围。

③ 企业应按照有关规定，结合安全生产的需要和特点，采用综合检查、专业检查、季节性检查、节假日检查、日常检查等不同方式进行隐患排查。对排查出的隐患，按照隐患的等级进行记录，建立隐患信息档案，并按照职责分工实施监控治理。组织有关专业技术人员对本企业可能存在的重大隐患做出认定，并按照有关规定进行管理。

④ 企业应将相关方排查出的隐患统一纳入本企业隐患管理。

（2）隐患治理。

① 企业应根据隐患排查的结果，制定隐患治理方案，对隐患及时进行治理。

② 企业应按照责任分工立即或限期组织整改一般隐患。主要负责人应组织制定并实施重大隐患治理方案。治理方案应包括目标和任务、方法和措施、经费和物资、机构和人员、时限和要求、应急预案。

③ 企业在隐患治理过程中，应采取相应的监控防范措施。隐患排除前或排除过程中无法保证安全的，应从危险区域内撤出作业人员，疏散可能危及的人员，设置警戒标志，暂时停产停业或停止使用相关设备、设施。

（3）验收与评估。隐患治理完成后，企业应按照有关规定对治理情况进行评估、验收。重大隐患治理完成后，企业应组织本企业的安全管理人员和有关技术人员进行验收或委托依法设立的为安全生产提供技术、管理服务的机构进行评估。

（4）信息记录、通报和报送。

① 企业应如实记录隐患排查治理情况，至少每月进行统计分析，及时将隐患排查治理情况向从业人员通报。

② 企业应运用隐患自查、自改、自报信息系统，通过信息系统对隐患排查、报告、治理、销账等过程进行电子化管理和统计分析，并按照当地安全监管部门和有关部门的要求，定期或实时报送隐患排查治理情况。

4. 对"预测预警"的要求

企业应根据生产经营状况、安全风险管理及隐患排查治理、事故等情况，运用定量或定性的安全生产预测预警技术，建立体现企业安全生产状况及发展趋势的安全生产预测预警体系。

(三) 应急管理的要求

1. 对"应急准备"的要求

（1）应急救援组织。企业应按照有关规定建立应急管理组织机构或指定专人负责应急管理工作，建立与本企业安全生产特点相适应的专（兼）职应急救援队伍。按照有关规定可以不单独建立应急救援队伍的，应指定兼职救援人员，并与邻近专业应急救援队伍签订应急救援服务协议。

（2）应急预案。

① 企业应在开展安全风险评估和应急资源调查的基础上，建立生产安全事故应急预案体系，制定符合《生产经营单位生产安全事故应急预案编制导则》（GB/T 29639）规定的生产安全事故应急预案，针对安全风险较大的重点场所（设施）制定现场处置方案，并编制重点岗位、人员应急处置卡。

② 企业应按照有关规定将应急预案报当地主管部门备案，并通报应急救援队伍、周边企业等有关应急协作单位。

③ 企业应定期评估应急预案，及时根据评估结果或实际情况的变化进行修订和完善，并按照有关规定将修订的应急预案及时报当地主管部门备案。

（3）应急设施、装备、物资。

企业应根据可能发生的事故种类特点，按照有关规定设置应急设施，配备应急装备，储备应急物资，建立管理台账，安排专人管理，并定期检查、维护、保养，确保其完好、可靠。

（4）应急演练。企业应按照《生产安全事故应急演练指南》（AQ/T 9007）的规定定期组织公司（厂、矿）、车间（工段、区队）、班组开展生产安全事故应急演练，做到一线从业人员参与应急演练全覆盖，并按照《生产安全事故应急演练评估规范》（AQ/T 9009）的规定对演练进行总结和评估，根据评估结论和演练发现的问题，修订、完善应急预案，改进应急准备工作。

（5）应急救援信息系统建设。矿山、金属冶炼等企业，生产、经营、运输、储存、使用危险物品或处置废弃危险物品的生产经营单位，应建立生产安全事故应急救援信息系统，并与所在地县级以上地方人民政府负有安全生产监督管理职责部门的安全生产应急管理信息系统互联互通。

2. 对"应急处置"的要求

发生事故后，企业应根据预案要求，立即启动应急响应程序，按照有关规定报告事故情况，并开展先期处置：

① 发出警报，在不危及人身安全时，现场人员采取阻断或隔离事故源、危险源等措施；严重危及人身安全时，迅速停止现场作业，现场人员采取必要的或可能的应急措施后撤离危险区域。

② 立即按照有关规定和程序报告本企业有关负责人，有关负责人应立即将事故发生的时间、地点、当前状态等简要信息向所在地县级以上地方人民政府负有安全生产监督管理职责的有关部门报告，并按照有关规定及时补报、续报有关情况；情况紧急时，事故现场有关人员可以直接向有关部门报告；对可能引发次生事故灾害的，应及时报告相关主管部门。

③ 研判事故危害及发展趋势，将可能危及周边生命、财产、环境安全的危险性和防护措施等告知相关单位与人员；遇有重大紧急情况时，应立即封闭事故现场，通知本单位从业人员和周边人员疏

散，采取转移重要物资、避免或减轻环境危害等措施。

④ 请求周边应急救援队伍参加事故救援，维护事故现场秩序，保护事故现场证据。准备事故救援技术资料，做好向所在地人民政府及其负有安全生产监督管理职责的部门移交救援工作指挥权的各项准备。

3. 对"应急评估"的要求

企业应对应急准备、应急处置工作进行评估。

矿山、金属冶炼等企业，生产、经营、运输、储存、使用危险物品或处置废弃危险物品的企业，应每年进行一次应急准备评估。

完成险情或事故应急处置后，企业应主动配合有关组织开展应急处置评估。

(四) 事故管理的要求

1. 对"报告"的要求

① 企业应建立事故报告程序，明确事故内外部报告的责任人、时限、内容等，并教育、指导从业人员严格按照有关规定的程序报告发生的生产安全事故。

② 企业应妥善保护事故现场以及相关证据。

③ 事故报告后出现新情况的，应当及时补报。

2. 对"调查和处理"的要求

① 企业应建立内部事故调查和处理制度，按照有关规定、行业标准和国际通行做法，将造成人员伤亡（轻伤、重伤、死亡等人身伤害和急性中毒）和财产损失的事故纳入事故调查和处理范畴。

② 企业发生事故后，应及时成立事故调查组，明确其职责与权限，进行事故调查。事故调查应查明事故发生的时间、经过、原因、波及范围、人员伤亡情况及直接经济损失等。

事故调查组应根据有关证据、资料，分析事故的直接、间接原因和事故责任，提出应吸取的教训、整改措施和处理建议，编制事故调查报告。

③ 企业应开展事故案例警示教育活动，认真吸取事故教训，落

实防范和整改措施,防止类似事故再次发生。

④ 企业应根据事故等级,积极配合有关人民政府开展事故调查。

3. 对"管理"的要求

企业应建立事故档案和管理台账,将承包商、供应商等相关方在企业内部发生的事故纳入本企业事故管理。

企业应按照《企业职工伤亡事故分类》(GB 6441)、《事故伤害损失工作日标准》(GB/T 15499)的有关规定和国家、行业确定的事故统计指标开展事故统计分析。

(五) 持续改进的要求

1. 对"绩效评定"的要求

企业每年至少应对安全生产标准化管理体系的运行情况进行一次自评,验证各项安全生产制度措施的适宜性、充分性和有效性,检查安全生产和职业卫生管理目标、指标的完成情况。

企业主要负责人应全面负责组织自评工作,并将自评结果向本企业所有部门、单位和从业人员通报。自评结果应形成正式文件,并作为年度安全绩效考评的重要依据。

企业应落实安全生产报告制度,定期向业绩考核等有关部门报告安全生产情况,并向社会公示。

企业发生生产安全责任死亡事故,应重新进行安全绩效评定,全面查找安全生产标准化管理体系中存在的缺陷。

2. 对"持续改进"的要求

企业应根据安全生产标准化管理体系的自评结果和安全生产预测预警系统所反映的趋势,以及绩效评定情况,客观分析企业安全生产标准化管理体系的运行质量,及时调整完善相关制度文件和过程管控,持续改进,不断提高安全生产绩效。

第三章 安全管理知识再学习

第二节 现场安全管理

一、作业现场 5S 管理

(一) 5S 管理的概念

5S 起源于日本,是指在生产现场中对人员、机器、材料、方法等生产要素进行有效地管理,包括整理 (SEIRI)、整顿 (SEITON)、清扫 (SEISO)、清洁 (SETKETSU)、素养 (SHITSUKE) 五个内容。因为在日语中这 5 个单词前面的发音都是"S",所以统称为 5S。5S 活动的目标就是要为职工创造一个干净、整洁、舒适、合理的工作场所和空间环境。

5S 的主要作用:一是能提升企业形象,提升职工归属感,干净整洁的工作环境,会使顾客产生信赖感,吸引客户、合作伙伴、官员、社会团体来观摩,会成为学习的榜样。人人变成有素养的职工,职工有成就感、满足感,易产生改善的意愿。二是能够减少浪费,保障安全,提升效率,可以减少资金、人员、场所、效率、成本等方面的浪费,各种区域清晰明了,通道明确、畅通,不会到处随意摆放物品,一目了然的工作场所,好的工作气氛,有素养的工作伙伴,物品摆放有序,能够为安全生产提供良好保障。

1. 整理

整理就是对生产场所的物品按需要和不需要区分开,并清除不需要的物品。区分的原则是,凡生产活动所必需的物品和生产过程中的产品均为需要物品,如机器设备、工具、各种原材料、辅助材料以及成品、半成品。这些以外的物品都是不需要的物品,如生产过程中产生的垃圾和边角料等。对垃圾和边角料等所有的不需要物品都应及时清除。对垃圾应在车间之外确定存放地点,封闭遮盖并及时清运。对边角料则应确定适当存放地点并设置容器，不同的边角料应分别存放，以便回收利用。

（1）整理的目的。整理的目的在于腾出空间，防止误用、误送，创造清爽的工作场所。

生产过程中经常有一些残余物料、待修品、待返品、报废品等滞留在现场，既占据了地方又阻碍生产，还有一些已无法使用的工夹具、量具、机器设备，如果不及时清除，会使现场变得凌乱。

生产现场摆放不需要的物品是一种浪费：即使是宽敞的工作场所，也会变窄小；棚架、橱柜等被杂物占据而减少使用价值；增加了寻找工具、零件等物品的困难，浪费时间；物品杂乱无章的摆放，增加盘点的困难。

（2）实施要领。

① 对车间班组工作场所进行全面检查，包括看得见和看不见的地方（如设备内部、踏板底等），并且做到每日检查。

② 制定"要"和"不要"的判别基准，如表3-1所示。

表3-1 "要"和"不要"的判别基准表

要	不要
办公用品、文具	不再使用的配线、配管
周转用的托盘、桶、袋	更改后的部门牌
使用中的垃圾桶	废弃不用的助剂
生产用备件	破损的工夹具
消防及安全用品	过期标语、台历
……	……

③ 按判别基准清除不要的物品。

④ 重要的是物品的"现使用价值"，而不是"原购买价值"，不要因为有的现场无用的物品较贵而不愿清出去。

⑤ 制订"不要"物处理方法，按处理方法处理"不要"物品。

应特别注意清除以下不要的物品：

a. 棚架、工具箱、抽屉、橱柜中的杂物、书报杂志、空罐、废手套、抹布、已损坏的各种器具。

b. 长时间不用或已经不能用的设备、台车、原材料、待返品或一些不明状态的物品。

c. 仓库、墙角落、窗台下、货架后面、货架顶上摆放的生锈、变质的物品，一些多年不动的材料、零件等闲置物。

d. 办公场所、桌台凳下面、黑板后面、资料柜顶上摆放的废纸箱、实验品、样品等杂物。

2. 整顿

整顿就是把需要的物品以适当的方式放在合适的位置，以便使用。如：工夹具、计测用具、物料、半成品等物品的位置固定下来，明确放置方法并予以标示，以便在需要的时候能够立即找到。

（1）整顿的目的。整顿的目的是减少寻找时间的浪费，使工作场所清楚明了，工作环境整整齐齐，消除过多的积压物品。

（2）实施要领。整顿在实施时应明确"二要素"原则，即明确物品的放置场所、放置方法和做好标示。同时应明确"三定"原则，即物品要做到定点、定容、定量放置。

① 应根据作业方法、物品性质、特点和使用频率等情况，按下列原则确定存放位置。

a. 使用频率高，即经常使用的工具、物品放在附近。

b. 不常用的东西应整齐地放入箱、柜内，或物品架上。

c. 很少用的东西应放进公用箱、柜内，由专人妥善保管。

d. 本着安全、方便的原则确定材料和成品的放置地点。

e. 化学危险物品（易燃、易爆物质，压缩气体，毒品，腐蚀品等）要有专门的场所存放、保管。

f. 对于推车等简易搬运工具也应明确规定放置地点（包括工作中暂放的地点）。

g. 安全通道上在任何时候都绝不允许存放物品。

② 按下列原则确定物品的放置方式：

a. 物料堆放整齐，重物在下，轻物在上，易损物品要固定，易倒物品要挤压住，长物要放倒。

b. 立体堆放的材料和物品要限制堆放高度，最高不得超过底边长度的3倍。

c. 化学危险物品的放置、保管要符合国家相关规定的要求。

d. 对安全通道和堆放物品的场所要划出明显的界限或架设围栏；堆放物品的场所应悬挂标牌，写明放置物品的名称和要求。

e. 在放置物品时要头脑清醒地加以确认是否保证了安全。

（3）进行整顿时应注意的问题。

① 如果工作场所没有划分摆放区域、制定摆放要求，多品种多批量生产时可能带来许多头疼的现场管理问题。

观察一天中厂内工具、夹具、量具等传送情况，我们会发现，来来回回的传送只是因为这些物品摆放位置不合理造成的。将常用的物品放置在较近的位置，既可减少许多无效的劳动，同时也能提高效率，减少不满情绪。

② 将整理之后所腾出的棚架、橱柜、场所等空间进行重新规划使用。将最常用的东西放在身边最近的地方，不常用的东西可另换位置放置。各种物品放置可参照表3-2。

③ 根据物品的用途、功能、形态、形状、大小、重量、使用频度等因素决定放置的方法，同时注意要便于取用和放置。

④ 依情况清楚地标示区域、分类、品名、数量、用途、责任者等信息，做到"一目了然"。整顿的宗旨就是要以最少的时间和精力，达到最高的效率、最高的工作质量和最安全的工作环境。其中物品名称和存放场所一定要明确地标示清楚，才能让每个人都随时知道要用的东西在哪里。如果所取的工具物品他人正在使用，应该清楚标明使用者及使用场所，以便紧急需要时能及时找到。在不影响生产的前提下，应尽量减少摆放的数量。

表 3-2　保管场所确定表

放置情况	使用频率	处理方法	建议场所
不用	全年 1 次也未用	废弃特别处理	待处理区
少用	平均 2 个月～1 年用 1 次	分类管理	集中场所（工具室、仓库）
普通	1～2 个月使用 1 次或以上	置于车间内	各摆放区
常用	1 周使用数次 1 日使用数次 每小时都使用	工作区内 随手可得	如机台旁 流水线旁 个人工具箱

此外，借助"形迹管理"将物品的投影形状在保管的板或墙上描画出来。任何人都能"一目了然"地知道什么地方该有什么，什么东西不见了。

采用统一规定的颜色进行区分、标示、划线是很重要的，否则，也会造成混乱。

⑤ 要明确在每一存放处有多少数量是合适的。原则上，在能满足"需求"及考虑"经济成本"的前提下，数量越少越好。如有些工厂机械加工采用所谓"一个流"的生产方式，即两个工序间只允许有一个流动的半成品，这样，管理简单，场所占用非常少。

（4）常见几种物品整顿的具体方法和要求。

① 工夹具等频繁使用的物品。应重视并遵守能"立即取到"，用后能"立即放回"的原则，这对提高效率是极其重要的。

a. 应考虑能否尽量减少作业工具的种类和数量，尽量使用标准件，将螺钉统一化，以便可能使用同一工具。

b. 考虑能否将工具放在作业场所最接近的地方，以避免使用和归还时过多的步行和弯腰。

c. 通常情况是"取用"容易，"归还"较难。因此，在"取用"和"归还"之间，应特别重视"归还"，需要不断地取用、归还的工具，最好用吊挂式，或放置在双手展开的最大极限范围之内。

d. 要使工具准确地归还原位，最好以形迹管理、颜色、特别的记号、嵌入凹型模等方法进行定位。

② 切削工具类。这类工具在重复使用或搬动时容易发生损伤或损坏，整顿时应特别注意。

a. 频繁使用的宜由个人保存，不常用的则尽量控制数量，以通用化为宜。先确定必需的最少数量，将多余的收起来集中管理。特殊用途的刃具更应标准化以减少数量。

b. 容易碰伤的工具，存放时要方向一致，以前后方向直放为宜，最好能采用分格保管或波浪板保管，且避免堆压损坏。

c. 注意防锈。抽屉或容器底层，铺上浸润油类的绒布。

③ 计测用具。计测用具通常属于精密仪器，操作与保管务必格外小心。

a. 明确摆放位置。把计测用具摆放在机器或平台上时，为防止滑落，必须铺上橡皮垫。

b. 细长的试验板、规尺等为防翘曲，应垂直吊挂为宜。

c. 计测用具必须注意防尘、防污、防锈，不用时涂上防锈油或用浸油的绒布覆盖。

④ 半成品的整顿。在生产现场，除了设备和材料，半成品是占据生产用地最多的物品，因此，也是生产现场管理的主要对象。"整顿"半成品，应考虑以下问题：

a. 严格规定半成品的存放数量和存放位置。确定工程交接点、线与线之间所能允许的半成品标准存放量和极限存放量，指定这些标准存放量的放置方法、高度限制、台车数、棚架面积等，并有清楚的标示使大家一目了然。

b. 半成品整齐摆放，保证"先入先出"。在现场摆放半成品，包括各类载具、搬运车、地台板等，要求始终保持摆正叠齐，边线互相平行或垂直于主通道为宜，既可使现场整齐美观，又便于随时清点。

c. 半成品存放和移动中，要慎防碰坏刮痕，必要时应有缓冲材料将其间隔。摆放时间稍长的要加盖防尘。

另外,不良品放置场地应用红色标明,将不良品随意摆放,极易致差错。要求职工养成习惯,一旦判明属不良品,立即将其放置在指定的"不良品放置区"。为引起全体人员注意,便于处理,不良品摆放场地通常放在通道边为宜。

3. 清扫

清扫就是清除工作场所内的脏污,并防止脏污的发生,保持工作场所干净亮丽。

(1)清扫的目的。清扫是为了保持令人心情愉快、干净亮丽的环境,减少脏污对品质的影响,减少工业伤害事故。清扫看起来似家常事,并不需要专门的设备和技巧,但事实上并不容易做到,因为任何污垢和废物都可能减低生产效率,带来不合格品,甚至引起意外,所以要下工夫彻底地打扫干净。

无论是一眼看得见的,还是通常不去打开的盖板里面,扫一扫,洗一洗,擦一擦,借助与设备的接触,可能会发现许多平时未曾发觉的缺陷,找出许多脏污问题的发生源。细心地检查、例常的清理以及恰当的预防措施,都是使车间保持最佳状态的重要条件。

(2)清扫不充分可能引起的障碍。没有清扫或清扫不充分,将会引起如下问题:

① 回转部、空压、油压系、电气控制系、传感等处脏污或混入异物,产生摩擦、阻抗、通电不良等,导致设备精度低下或误动作。

② 制品内混入异物或设备误动作,导致品质不良。

③ 因异物、脏污产生松弛、龟裂、摩擦、漏油,导致设备劣化。

④ 因脏污引起松弛、摩擦、颤动增加,导致设备能力低下或空转。

(3)清扫实施要领。

① 建立清扫责任区(室内、室外)。

② 执行例行扫除,清理脏污。

③ 调查污染源，登记在册，采取措施予以杜绝或隔离，表 3-3 为某车间污染发生源登记表。

表 3-3　某车间污染发生源登记表

污染	处所	发生源	描述
漏油	板框	4号油罐	使用4号油罐漏油
	减速机	油封	减速机油封漏油严重
	板框	油封	油封损坏，滴油
	沸腾干燥	进出口阀门	阀门质量不好造成漏油
	减速机	油封	油封易损坏漏油，焊缝渗油
	油管道	焊缝	焊缝渗油
漏气	板框	酸煮罐	加酸时酸气严重，腐蚀设备
其他	变压器	变压器	变压器周围低洼，造成积水
	沸腾干燥	保温层	应更换保温

④ 建立各部位清扫标准，作为作业规范，要求清扫时按标准执行。

（4）寻找污染源，实施改善。在清洁的地面上，划出通道区分线，明确标出台车、棚车、半成品及原材料等物品的摆放位置，标出垃圾桶、废物箱等的放置区域，同时画出禁止堆放区的"斑马线"标示线。

容易产生粉尘、喷雾、飞屑的部位，应装上挡板、盖子等改善装置，将污染源局部化，以保安全和便于废料收集，减少污染。有黏性的废物如胶带、贴纸、胶泥、树脂、发泡原液等，更应装上收集装置以免重新弄脏地面。来自水泥地板的灰尘，宜用涂蜡或涂料防治。

设备器材的清理是一项较艰巨的工作。把机器擦洗干净以后应细心地检查注油口、油槽、油泵、阀门、调节器等部位，观察油槽周围有无容易渗入尘埃污物的缝隙或缺口。空压系统的排气装置、过滤网、开关等是否有油垢和磨损、泄漏现象。

检查电器控制系统开关、紧固螺钉、指示灯、转轴等部位是否完好。

清扫工作的艰巨，不在于搞多少次"大扫除"，而在于如何将此项工作日常化。

4. 清洁

清洁就是将前面的3S（整理，整顿，清扫）实施的做法制度化、规范化，并贯彻执行及维持。

（1）清洁的目的。清洁的目的在于维持前面3S的成果。

（2）清洁实施要领。

① 落实前面3S工作。

② 制订评比方法，制订奖惩制度，加强执行。

③ 主管经常带头巡查，带动全员重视。

应对每个岗位制定岗位5S日常确认表，明确应负责的范围、对象、方法、周期、要求，定期检查实施及记录状况。车间班组内所有的区域、设备都应有十分明确的5S责任人。

5. 素养

素养是指人人养成好习惯，依规定行事，培养积极进取的精神。

（1）提高素养的目的。提高素养的目的在于培养具有良好习惯、遵守规则的职工，营造团体精神。许多人在推行5S活动一段时间后，就逐渐懒散下来。为了使5S活动能长期坚持下去，开展多种层次和多种形式的活动是必要的，同时还要建立一套完善和严格的评比、奖惩制度。必要时可考虑与工作绩效挂钩。

（2）素养推行要领。

① 制订服装、肩章、工作帽等识别标准。

② 制订共同遵守的有关规则、规定，制订礼仪守则。

③ 教育训练，推动各种精神提升活动等。

5S是一个有机的整体，整理是整顿的基础，整顿又是整理的巩固，清扫是显现整理、整顿的效果，而通过清洁和素养，则使企业规范化，形成一个所谓整体的改善气氛。

（二）5S管理推行

1. 推行步骤

掌握了5S的基础知识，尚不具备推行5S活动的能力。因推行步骤、方法不当导致5S活动事倍功半，甚至中途夭折的事例并不鲜见。因此掌握正确的步骤、方法是非常重要的。5S活动推行的步骤如下。

（1）成立推行组织。建议由车间班组负责人出任本车间班组5S活动领导职务，以视对此活动的支持。具体安排可由相关人员负责。

（2）拟定推行方针及目标。

① 方针制定。推行5S活动时，制定方针作为导入活动的指导原则。方针的制定要结合车间班组具体情况，要有号召力，方针一旦制定，要广为宣传。如可用以下方针：

例1：告别昨日，挑战自我，塑造车间班组新形象。

例2：闪闪发光的设备、文明进取的职工。

例3：通过5S活动，造就充满活力的车间班组现场。

② 目标制定。先预设定期望之目标，作为活动努力的方向及便于活动过程中的成果检验。目标的制定也要同车间班组的具体情况相结合，比如，车间班组场所紧张，现状摆放凌乱，空间未有效利用，应将增加可使用面积作为目标之一。

（3）拟定工作计划及实施方法。

① 拟定大日程计划作为推行及控制的依据。

② 收集资料及借鉴他厂做法。

③ 制定5S活动实施办法。

④ 制定要与不要的物品区分方法。

⑤ 制定5S活动评比的方法。

⑥ 制定5S活动奖惩办法。

大的工作一定要有计划，以便大家对整个过程有一个整体的了解。项目责任者清楚自己及其他担当者的工作内容及完成时间，相互配合，造就一种团队协作精神。

（4）教育宣传。

① 对全体职工进行教育，教育的内容主要是：5S的内容及目的，5S的实施方法，5S的评比方法等。

② 新进职工的5S训练。教育是非常重要的，要让职工了解5S

活动能给工作及自己带来好处从而主动地去做，与被别人强迫着去做其效果是完全不同的。教育形式要多样化，讲课、放录像、观摩他厂案例或样板区域、学习推行手册等方式均可视情况加以使用。

（5）实施。

① 进行前期作业准备。如方法说明会，工具准备等。

② 车间班组上下彻底大扫除。

③ 建立地面画线及物品标志标准。"三定""三要素"展开。

④ 做成5S日常确认表并实施。

（6）进行检查、评比及奖惩。制定活动考核评比办法，依制定的活动考核评比办法进行评比，公布成绩，实施奖惩。

（7）不断改进。将5S管理纳入定期管理活动中，使活动标准化、制度化。需要强调的是，车间班组因其背景、架构、职工文化素质的不同，推行时可能会有各种不同的问题出现，要根据实施过程中所遇到的具体问题，采取可行的对策，才能取得满意的效果。

2. 职工在5S活动中的责任

（1）自己的工作环境须不断地整理、整顿，物品、材料及资料不可乱放。

（2）不用的东西要立即处理，不可使其占用作业空间。

（3）通道必须经常维持清洁和畅通。

（4）物品、工具及文件等要放置于规定场所。

（5）灭火器、配电盘、开关箱、电动机、冷气机等周围要时刻保持清洁。

（6）物品、设备要仔细地放，正确地放，安全地放，较大较重的堆在下层。

（7）保管的工具、设备及所负责的责任区要整理。

（8）纸屑、布屑、材料屑等要集中于规定场所。

（9）不断清扫，保持清洁。

（10）注意上级的指示，并加以配合。

3. 车间班组负责人在5S活动中的责任

车间班组负责人应该在5S活动中率先垂范，积极推动，主要职责如下：

(1) 全力支持与推行5S。

(2) 参加外界有关5S的教育训练，吸收5S技巧。

(3) 读5S活动相关书籍，广泛搜集资料。

(4) 参与公司5S宣传活动。

(5) 规划车间内工作区域的整理、定位工作。

(6) 依5S进度表，全面做好整理、定位、画线标识等作业。

(7) 协助部属克服5S的障碍与困难点。

(8) 督促下属执行定期的清扫点检。

(9) 上班后的点名与服装仪容清查，下班前的安全巡查与保卫。

4. 车间现场5S检查表的主要内容

(1) 现场摆放物品（如原物料、成品、半成品、余料、垃圾等）定时清理，区分要用与不要用的。

(2) 物料架、模具架、工具架等的正确使用与清理。

(3) 桌面及抽屉定时清理。

(4) 材料或废料、余料等置放清楚。

(5) 模具、夹具、计测器具、工具等的正确使用，摆放整齐。

(6) 机器上不摆放不必要的物品、工具。

(7) 非立即需要或过期（如三天以上）资料、物品入柜管理或废弃；

(8) 茶杯、私人用品及衣物等定位摆放。

(9) 资料、保养卡、点检表定期记录，定位放置。

(10) 手推车、小拖车、置料车、架模车等定位放置。

(11) 塑料篮、铁箱、纸箱等搬运箱桶的摆放与定位。

(12) 润滑油、切削油、清洁剂等用品的定位、标示。

(13) 作业场所予以划分，并加注场所名称。

(14) 消耗品（如抹布、手套、扫把等）定位摆放，定量管理。

(15) 加工中材料、待检材料、成品、半成品等堆放整齐。

（16）通道保持畅通，通道内不得摆放或压线摆放任何物品。
（17）所有生产用工具、夹具、零件等定位摆放。
（18）划定位置摆放不合格品、破损品及使用频率低的东西。
（19）如沾有油的抹布等易燃物品，定位摆放，尽可能隔离。
（20）目前或短期生产不用的物品，收拾定位。
（21）个人离开工作岗位时，物品整齐放置。
（22）动力供给系统加设防护物和警告牌。
（23）下班前打扫、收拾，扫除垃圾、纸屑、烟蒂、塑胶袋、破布等。
（24）清理擦拭机器设备、工作台、门、窗。
（25）废料、余料、呆料等随时清理。
（26）清除地上、作业区的油污。
（27）垃圾箱、桶内外清扫干净。
（28）蜘蛛网的打扫。
（29）工作环境随时保持整洁干净。
（30）长期不用（如一个月以上）物品、材料、设备等加盖防尘；
（31）地上、门窗、墙壁的清洁。
（32）墙壁油漆剥落或地上画线油漆剥落的修补。
（33）遵守作息时间（不迟到、早退、无故缺席）。
（34）工作态度良好（无聊天、说笑、离开工作岗位、呆坐、看小说、打瞌睡、吃东西的行为）。
（35）工作服穿戴整齐，不穿拖鞋。
（36）干部能确实督导部属，部属能自发工作。
（37）使用公物时，能确保按时归位，并保持清洁。
（38）遵照工厂的规定做事，不违背厂规、厂纪。

（三）车间班组5S活动实践

5S活动是现场管理之基石，是日常生产中应做好的一项基本工作，在生产过程中，如果有一个干净、美观、整齐、规范的现场环境，职工在工作中就会有较好的精神面貌，更易精神饱满地投入工作。在这种现场环境下,生产安全和产品质量就有较好的保证。因此,开展 5S 活动先从改善生产现场环境开始,从整理、整顿开始,通过对生产现场深入地进行整理、整顿,并且有目标、有针对性地组织职工进行思想素养与纪律的培训,创造一个较好的工作环境。

要做到上述要求,就必须在生产现场中切实有效地推行 5S 活动,使 5S 活动一步一个脚印地在生产线中深入地开展,因此,我们在 5S 活动的实践中应先抓住以下几点,引导职工开展 5S 活动。

1. 从上到下,大力宣传

做好 5S 活动的宣传教育工作,做到层层动员,组织好各种形式的 5S 学习班、动员会等,并结合生产现场环境情况分析存在的问题(如现场的脏、乱、差情况,5S 活动的要求等),使得大家都明确开展 5S 活动的必要性、紧迫性。对现场各级管理人员和职工制定出 5S 活动的工作目标和工作计划,使他们都能围绕自己的目标展开工作。特别是要使职工意识到开展 5S 活动确确实实有利于改善自己的工作条件和环境,有利于提高自己的素养,使 5S 活动有一个较好的群众基础。

2. 抓住基本,循序渐进

首先确定好 5S 活动的初始目标,从最基本的工作规范做起,争取能在较短的时间内使 5S 活动初见成效。5S 活动第一阶段的工作要求主要是:

(1) 整理。

① 工作岗位应无不要物,自制、自设的不规范的桌椅要一律清除掉。

② 有责任对自己岗位的各种仪器积极地提出可行的改善建议,对岗位上不合理、不规范的工位器具逐步清除出生产现场。

③ 对本岗位所产生的质量问题要及时彻底消除,决不能漏到下一工序。

(2) 整顿。

① 材料、工夹具等要放在指定的位置储藏好,材料、工夹具要摆放整齐,方便取用。

② 工作台面保持干净整洁，台面没有与生产无关的杂物。餐具、茶具、清扫工具应放在指定的地方，不能随意乱放。

（3）清扫。

① 每天班前、班后应做好本岗位及所负责区域的清扫、拖地及各种器具的清洁工作。

② 工作时应尽量减少垃圾的产生，有垃圾应及时清除。

③ 应做好本岗位的机械设备清洁、加油及设备日常保养工作。

（4）清洁。

① 按 5S 日常确认表的要求做好 5S。

② 对 5S 评比中所指出的问题，认真反思，尽快改正。

（5）素养。

① 上班时整齐列队，开好班前会。工衣、工帽、工卡应穿戴整齐，保持良好的精神面貌。

② 在工作或休息时，不能有坐压或践踏成品、原材料现象，决不允许在工场内随地倒水、吐痰等。

③ 在厂内工作时要严格执行劳动纪律和工艺纪律。

3. 样板先行，总结经验

（1）制作样板。要搞好 5S 活动，组织好样板的试点工作是 5S 活动全面开展的第一步。选好样板，先落实好样板的 5S 各项工作，在样板区中不断深入、不断强化。给样板区域营造一个较好及合理的工作环境、工作气氛和良好的感观印象。

（2）总结经验。在取得初步成效后，在样板上应大力宣传，表扬样板 5S 活动中的先进人物及优秀改善事例。此外，特别需要做好的事情是必须制订 5S 活动方面的标准、规章制度，不断提出新的改善方法，争取做到每月、每周，甚至每天都有新的 5S 改善项目、改善成果。把所取得的成果日积月累，把行之有效的措施及方法不断巩固，并且不断有新的改进、新的面貌，这样才能逐步地使 5S 活动做到更加完善。

4. 深入推广，做好评比

树起试点样板后，把实施5S的好措施、好办法组织推广，充分利用群体效应，共同创造一个学习5S样板、赶超5S样板的活动，使5S活动从组织形式上蓬蓬勃勃地开展起来。

要使5S活动全面广泛开展，必须建立5S活动的激励机制，如定期举行职工的5S评比活动，在群体中树起先进典型，每月有5S活动最佳改善成果评比，每半年召开5S活动先进评比工作总结会，每年召开5S活动庆功表彰大会等。通过这些活动，使整个企业的5S活动蔚然成风。

5. 巩固成果，责任到人

（1）巩固成果。5S活动取得一定成效之后就会面临一个成果能否巩固的关键阶段。在这一阶段应做好：

① 建立好各级5S工作检查考核制度。

② 不断修改、制订新的5S管理办法，每天组织好5S各项工作的落实，检查好下属的5S实施效果。车间班组管理人员只要真正地把5S工作做到年年讲、月月讲、天天讲，那么5S活动就一定能取得成效，一定能够进一步巩固已取得的成果。

（2）责任到人。5S活动实施后应有一套完善的岗位人员5S工作准则，每个人都应有5S活动的职责和目标。应组织开展形式多样的5S检查，表扬和批评等教育宣传活动，并使之与各位职工的绩效考评挂钩，使得5S活动融入正常生产活动之中。

二、作业现场物料和工、器具定制管理

（一）作业现场定置管理

1. 定置管理的内涵、目的和原则

定置管理是对生产现场中的人、物、场所三者进行科学分析研究，通过5S活动，以完整的信息系统为媒介，使之达到最佳结合状态的科学管理方法。

定置管理的目的是通过对生产现场的整理整顿，把生产中不需要的物品清除掉，而需要的物品则根据定置管理的要求，放在随手可得的位置，以便消除人的无效劳动，防止和避免生产过程中的不安全因素，从而达到高效生产和安全生产的目的。

定置管理的步骤包含五个方面：

（1）分析现状。根据生产工艺，利用工程学原理分析系统中的人、物、场所的状态和它们在生产过程中如何做到最省力、最安全，而效率最高。

（2）优化配置。根据现状分析的结果，规划现场中的人、物、场所的最佳组合，使人（管理者、作业人员）、机（设备、设施、检测计量仪器）、料（原材料、在制品、半成品、能源等）、法（安全操作规程、信息传递、各项规章制度）、环（作业环境）等因素有机协调。

（3）实施运行。根据优化配置规划，运行实施，进一步改善，达到人、物、场所的最佳配置。

（4）规范定置。根据最佳配置划出定置图，根据定置图在现场放置各种信息名牌，指定相应的管理规定（检查规定、考核标准、奖惩制度等内容），使之定置规范化、标准化、制度化。

（5）定置管理检查和考核。根据制定的定置管理检查规定，定期不定期地进行定置实施情况的检查，对于实施得好的要予以奖励，反之要根据责任制进行惩罚。只有这样，才能巩固定置管理的成果，持之以恒。

2. 定置管理现场布置的基本原则

（1）采用单一的流向和看得见的搬运路线。

（2）最大程度地利用空间。

（3）最大的操作方便和最小的不愉快。

（4）最短的运输距离和最少的装卸次数。

（5）切实的安全防护保障。

（6）最少的改进费用和统一标准。

（7）最大的灵活性及协调性。

3. 定置管理的现场要求

（1）各种物料堆放，设备安装，工、器具严格按照工艺和管理要求摆放规范、整齐且符合安全卫生要求。

（2）电线电缆架设符合国家和行业标准、规范。

（3）现场安全通道畅通；消防器材齐全有效，责任到人。

（4）现场各种安全标志符合国家标准，悬挂地点位置适当。各种安全标志、标语规范、醒目、协调、准确；重大危险源有明确标识，生产工作场所各种坑、井、沟、池、轮、轴、台等设有防护措施和警示标志。

（5）各种机械、电气设备上的安全防护装置、信号装置、警报装置、保险装置、限位装置等齐全可靠。

（6）现场通风设施完善，运转良好，尘毒浓度合格率达到规定要求，噪声控制在规定的范围之内。

（7）各种设备、管道、阀门应根据国标和行业标准实行色彩管理，清洁完好，无冒、滴、漏现象；厂区内道路应有明显的交通标志，进出车辆实行限速行驶。

（二）工、器具，工件，材料摆放要求

（1）作业场所的原材料、半成品、成品、废品及工具柜应进行定量、定置管理，堆放整齐、平稳可靠。

（2）各类工、器具，专用工、模、夹具存放应牢固可靠、符合安全要求。

（3）产品、坯料等应限量存放，不得妨碍操作。

（4）工件、材料等应堆放整齐、平稳可靠，不得超过 2 m 高度。

（5）工作场所的工位器具、工件、材料摆放合格率应为 100%。

（三）定置管理实施标准

有图并有物，有物必有区，有区必挂牌，有牌必分类；按图定置，按类存放，账物一致。

具体实施包括三个步骤：

(1) 清除与生产无关的物品。凡与生产无关的物，都要清除干净。

(2) 按定置图实施定置。按定置图要求，将生产现场、器具等物品进行分类、搬、转、调整并予定位。定置的物要与图相符，位置要正确，摆放要整齐，可引起伤害的物要有防护，贮存要有器具。可移动物，如手推车、电动车等定置到适当位置。

(3) 放置标准信息名牌。牌、物、图相符，不得随意挪动；要以醒目和不妨碍生产为原则。

(四) 定置管理的检查与考核

为使定置管理工作能持之以恒，必须建立定置管理的检查、考核制度和奖惩制度，实现定置管理的长期化、制度化和标准化。

三、作业现场设备设施安全管理

机器在安全生产中发挥着重要的作用，随着生产的发展，机器在人们生活中越来越被广泛应用，这对机器的可靠性和安全性的要求也更高。车间班组负责人对设备设施的安全承担着管理责任，本部分针对其工作特点，分别对设备设施的危险性因素分析、设备的安全使用管理、设备设施的维护安全管理及设备设施安全检查管理等内容进行了介绍。

(一) 设备设施危险性因素分析与防护

1. 机器设备的危险与有害因素

机器设备危险产生的形式，包括设备静止状态和运动状态下所呈现的各种危险。

(1) 静态危险。

① 切削刀具的刀刃；

② 机械设备突出较长的机械部位，如表面凸出的螺栓、键、耳、环、吊钩、手柄等；

③ 毛坯、工具、设备边缘锋利飞边和粗糙表面等，如未打磨的

毛刺、锐角、毛边、翘起的铭牌等；

④ 引起滑跌、坠落的工作平台，尤其是平台有水或油时更为危险。当人与这些静止设备接触或作相对运动时可引起危险。

（2）直线运动危险。指作直线运动的机械所引起的危险，又可分为接近式的危险和经过式的危险。

① 接近式危险：这种机械进行往复的直线运动，当人站在或经过机械直线运动的正前方而未躲让时，将受到运动机械的撞击或挤压。

a. 纵向运动的构件，如龙门刨床的工作台、牛头刨床滑枕的往复运动如与墙、柱间距小，易造成挤压。

b. 横向运动的构件，如升降式铣床的工作台。

② 经过式危险：指人体经过运动中的部件引起的危险。具体内容如下：

a. 单纯作直线运动的部位，如运转中的带链、冲模。

b. 作直线运动的凸起部分，如运动时的凸起接头。

（3）旋转运动危险。人体或衣服卷进旋转机械部位引起的危险。有下列几种卷进形式：

① 卷进单独旋转运动机械部件中的危险，如主轴、卡盘、磨削砂轮、各种切削刀具如铣刀、锯片等加工刃具。

② 双旋部件卷进危险，如朝相反方向旋转的两个轧辊之间、相互啮合的齿轮；旋转部件和固定构件之间卷进危险，如砂轮与砂轮支架之间、有辐条的手轮与机身之间、旋转蜗杆与壳体之间的咬合等。

③ 旋转、直线运动部件之间卷进危险，如皮带与皮带轮、链条与链轮、齿条与齿轮、卷扬机绞筒与绞盘等。

④ 旋转部件与滑动之间，如旋转部件与顶尖之间挤压和卷进的危险。

（4）凸出物打击危险。

① 旋转运动加工件打击，如伸出机床的细长加工件。

② 旋转运动部件上凸出物的打击，如转轴上的键、定位螺丝、联轴器螺丝等。

③ 孔洞部分具有的危险，如风扇、叶片、齿轮和飞轮等。

（5）振动夹住危险。机械的一些振动部件结构，如振动体的振动引起被振动体部件夹住的危险。

（6）摆动的危险。机械设备传动的摆动，如牛头刨滑枕带来的危险，或行车吊运物因启动惯性运行速度过快，物件产生摆动造成的危险。

（7）飞出物打击危险。

① 飞出的刀具或机械部件，如未夹紧的刀片、紧固不牢的接头、破碎的砂轮片等。

② 飞出的切屑或工件，如连续排出或破碎而飞出的工件。

（8）坠落物的危险。是指以足够的动能在重力作用下坠落的物体引起的危险，如检修大型设备的工作平台上放置的工具或零件坠落，行车走台上有孔洞检修时的零件坠落，吊运物件的坠落等。

（9）组合运动的危险。

① 运动部位和静止部位的组合危险。

a. 直线运动的机械部件与固定构件之间的危险，如作往复直线运动的工作台与底座之间的危险（如直线运动的工作台与底座之间，压力机滑块与模具之间）。

b. 旋转运动的机械部件与固定构件之间的危险，如砂轮与砂轮支架之间，有辐条的手轮与机身之间，旋转蜗杆与壳体之间。

② 运动部位与运动部位的组合危险。旋转运动机械部件与直线运动部件之间的危险，如皮带与皮带轮、链条与链轮、滑轮与绳索之间、卷扬机绞筒、绞盘等。

（10）火灾、爆炸的危险。可燃物引起火灾、爆炸，或因设备爆炸而引发的伤亡事故，如电、气焊引发的火灾危害、锅炉、压力容器爆炸等。

2. 非机械性危险与有害因素

① 电击伤。指采用电气设备作为动力的机械以及机械本身在加工过程中产生的静电引起的危险。它包括触电危险（如绝缘不良，

错误地接地线或误操作等原因造成的触电伤害事故）和静电危险（如在加工过程中产生的有害静电，可引起爆炸、电击伤害事故）。

② 灼烫和冷冻危害。如在热加工作业中，有被高温金属体和加工件灼烫的危险，或与设备的高温表面接触时被灼烫的危险，在深冷处理时或与低温金属表面接触时被冻伤的危险。

③ 振动危害。在加工过程中使用振动工具或设备本身产生的振动引起的危害。

按振动作用于人体的方式，可分为以下两种：

a. 局部振动，如在以手接触振动工具的方式进行加工时，振动通过振动工具、振动机械或振动工件传向操作者的手和臂，从而给操作者造成振动危害。

b. 全身振动，由振动源通过身体的支持部分将振动传到人体全身而引起的振动危险。

④ 噪声危害。机械加工过程或机械运转过程所产生的噪声而引起的危害。

机械引起的噪声包括：

a. 机械性噪声，由于机械的撞击、摩擦、转动而产生的噪声，如球磨机、电锯、切削机床在加工过程中发出的噪声。

b. 液体动力性噪声，由于气体压力突变或流体流动而产生的噪声，如液压机械、气压机械设备等在运转过程中发出的噪声。

c. 电磁性噪声，由于电机中交变电流相互作用而发生的噪声，如电动机、变压器等在运转过程中发出的噪声。

⑤ 电离辐射危害。指设备内放射性物质，如 X 射线装置、γ 射线装置等超出国家标准允许剂量的电离辐射危害。

⑥ 非电离辐射危害。非电离辐射系指紫外线、可见光、红外线、激光和射频辐射等，当超出国家标准规定剂量时引起的危害。如从高频加热装置中产生的高频电磁波或激光加工设备中产生的强激光等非电磁辐射危害。

⑦ 化学品危害。工业毒物危害，酸、碱等腐蚀性物质的危害和

化学可燃物的烫伤、火灾及爆炸危险。

⑧ 粉尘危害。加工或粉碎固体物质产生的粉尘、加热物质产生的蒸汽危害、有机物质的不完全燃烧、爆炸烟尘和机械加工中的二次扬尘。

⑨ 作业区环境危害。气温过高、过低或突变；湿度过大或过小；气压过高、过低或突变；照明过强、过弱或眩光。

3. 机械设备防护装置安全标准要求

（1）安全防护装置。

① 安全防护装置应满足下列要求：

a. 使操作者触及不到转动中的可动零部件。

b. 在操作者接近可动零部件并有可能发生危险的紧急情况下，设备应不能启动或立即自动停机、制动。

c. 避免在安全防护装置和可动零部件之间产生接触危险。

d. 安全防护装置应便于调节、检查和维修，并不得成为新的危险发生源。

e. 设备局部照明或移动照明必须采用 36V 或 24V 安全电压，行灯应用橡胶耐油电缆线，线路无老化、无接头、无破损、无扭线。使用 220V 整机照明灯高度应不小于 1.8m（以操作者立面为基准），线距规范、完好无损，灯泡上部应安装灯罩。开关应灵敏可靠、有效，局部照明灯架完好，灯具可调整任意工作位置。

② 安全防护装置应结构简单、布局合理，不得有锐利的边缘和凸缘。

③ 安全防护装置应具有足够的可靠性，在规定的寿命期限内有足够的强度、刚度、稳定性、耐腐蚀性、抗疲劳性，以确保安全。

④ 安全防护装置应与设备运转联锁，保证安全防护装置未起作用之前，设备不能运转。

⑤ 防护罩、防护屏、防护栏杆的材料，及其至运转部件的距离应按《机械安全 防护装置 固定式和活动式防护装置的设计与制造一般要求》执行。

⑥ 光电式、感应式等安全装置应设置自身出现故障的报警装置。

（2）紧急停车开关。

① 紧急停车开关应保证瞬时动作时，能终止设备的一切运动，对有惯性运动的设备，紧急停车开关应与制动器或离合器联锁，以保证迅速终止运动。

② 紧急停车开关的形状应区别于一般控制开关，颜色为红色。

③ 紧急停车开关的布置应保证操作人员易于触及，不发生危险。

④ 设备由紧急停止开关停止运行后，必须按启动顺序重新启动才能重新运转。

（3）清除危险，安装保护装置。

① 用危险小的机器取代危险机器。

② 如果不可能的话，可在危险区周围设立防护设施。

③ 在危险未消除或未设防护设施之前，提供个人保护用具。

④ 购买安全的机器，当订购新机器时，要特别注意强调机器结构的安全性。危险加工件应该处于不会伤害工人的位置，特别是操作点必须没有危险。

⑤ 只有选择了有安全装置的机器，才能省去许多麻烦，同时节省开支。

⑥ 自动化和机械化的填料和退料装置不仅能够消除危险，同时会大大提高生产效率。

(二) 设备的安全选购与使用管理

1. 设备选购过程的安全管理

在选购过程中控制机器设备的质量是防止设备因设计缺陷而造成事故的首要方法。设备选型除了要满足技术方案要求外，还应满足设备本质安全要求。

设备选购主要由设备技术部门负责，安全部门主要负责对设备安全性能的审查与把关。从设备安全管理的角度，应重点审查的内容包括以下几点：

（1）设备具有完备的安全卫生技术措施。

① 设备及其零部件，必须有足够的强度、刚度、稳定性和可靠性。在制造、运输、贮存、安装和使用时，不得对人员造成危险。

② 设备在正常生产和使用过程中，均应满足安全、卫生要求，不应向工作场所和大气排放超过国家标准规定的有害物质和超过国家标准规定的噪声、振动、辐射和其他污染。对可能产生的有害因素，必须在设计上采取有效措施加以防护，并有符合产品标准要求的可靠性指标。

③ 设备应具有可靠的安全、卫生防护设施和技术措施。

（2）设备使用材料具有良好的安全卫生性能。禁止使用能与工作介质发生反应而造成危害（爆炸或生成有害物质等）的材料。处理可燃气体、易燃和可燃液体的设备，其基础和本体应使用非燃烧材料制造。

（3）设备具有良好的稳定性。设备若通过形体设计和自身的质量分布不能满足或不能完全满足稳定性要求时，则必须设有安全技术措施，以保证其具有可靠的稳定性。若所要求的稳定性必须在安装或使用地点采取特别措施或确定的使用方法才能达到时，则应在设备上标出，并在使用说明书中有详细说明。

（4）设备的操纵器、信号和显示器应满足安全要求并符合人机工程学原则。

对于设备关键部位的操纵器，一般应设电气或机械联锁装置。

（5）安全防护装置。设备的可动零部件应有相应的安全防护装置，凡人员易触及的可动零部件，必须配置必要的安全防护装置。对于运行过程中可能超过极限位置的生产设备或零部件，应配置可靠的限位装置。若可动零部件（含其载荷）所具有的动能或势能可能引起危险时，则必须配置限速、防坠落或防逆转装置。以操作人员的操作位置所在平面为基准，凡高度在 2 m 之内的所有传动带、转轴、传动链、联轴节、带轮、齿轮、飞轮、链轮、电锯等外露危险零部件及危险部位，都必须设置安全防护装置。

（6）设备、设施布局标准要求。应符合表3-4、表3-5和下面两条的要求。

① 高于2 m的空中运输线应有牢固的护罩（网）。

② 设备间距合格率应为100%。

表3-4 加工车间通道尺寸

运输方式	通道宽度/m				
	冷加工	铸造	锻造	热处理	焊接
人工运输	≥1	1.5	2～3	1.5～2.5	2～3
电瓶车单向行驶	1.8	2	3～5	3～4	3～5
电瓶车对开	3	—			
叉车或汽车行驶	3.5	3.5			
手工造型人行道	—	0.8～1.5	—		
机器造型人行道	—	1.5～2			

注：铁路进厂房入口道路宽度应为5.5m。

表3-5 机床布置的安全距离

项目 安全距离/m	小型机床	中型机床	大型机床	特大型机床
机床操作面间	1.1	1.3	1.5	1.8
机床后面、侧面离墙柱	0.8	1.0	1.0	1.0
机床操作面离墙柱	1.3	1.5	1.8	2.0

注：1. 从机床活动机件达到的极限位置算起。

2. 机床与墙柱间的距离首先要考虑对基础的影响。

2．设备使用前的安全管理

（1）建立设备管理制度。

① 岗位责任制。设备使用维护工作必须严格贯彻岗位责任制，以保证设备处于良好技术、安全状态，为生产经营单位生产经营创造有利的条件。

② 定人定机制度。生产经营单位实行定人定机制度，能更好地落实岗位责任制。

③ 操作证制度。主要生产设备的操作工人，必须经技术培训，熟练掌握技术操作规程和安全操作规程，经考试及格取得操作证后方可独立操作。操作证由生产经营单位专门管理部门统一发放，禁止转借。特殊工种操作工须经培训取得特殊工种操作证后方能上岗。考试不合格，取消操作证，调离原岗位。

④ 安全检查、检验制度。设备运行安全检查可全面掌握设备的技术状况和安全状况的变化及磨损情况，及时查明和消除设备隐患，根据检查发现的问题，开展整改，以确保设备的安全运行。

⑤ 维修保养制度。建立维修保养制度，根据零部件磨损规律制定出切实可行的计划，定期对设备进行清洁、润滑、检查、调整等作业，避免运行中发生故障、事故。

⑥ 交接班制度。建立设备交接班手续，能为设备故障的动态分析和生产情况分析提供准确、有效、可靠的依据，如设备安全检查制度、维护保养制度、交接班制度、岗位责任制度等。

（2）设备安全操作规程。

（3）设备润滑卡片。

（4）其他技术文件。

3. 操作人员培训

（1）新上岗人员。与"三级"安全教育的岗位安全教育相结合，主要要求与内容包括以下几种：

① 各种设备管理的规章制度；

② 本岗位使用设备的性能、结构、技术规范；

③ 设备的操作方法、安全操作规程；

④ 设备维护保养知识；

⑤ 异常情况处理常识。

（2）使用新设备的从业人员。除了掌握上述（1）中所列内容以外，从业人员对于新设备还应了解或掌握以下内容：

① 新设备的结构、性能；

② 设备的危险部位及防护措施；

③ 掌握维护保养周期和方法；
④ 异常情况的紧急处理措施。

4. 设备使用中的安全管理

（1）设备使用守则。设备操作人员要求做到"三好""四会""四项基本要求""五项纪律"和"润滑五定"。

① "三好"。

a. 管好。操作者对设备负有保管责任。设备的附件、仪器、仪表、工具、安全防护装置必须保持完整无损，及时、如实地上报事故情况。

b. 用好。严格执行操作规程，精心爱护设备，不准设备带病运转，禁止超负荷使用设备。

c. 养好。操作者必须按照保养规定，进行清洁、润滑、调整、紧固，保持设备性能良好。

② "四会"。

a. 会使用。操作者要熟悉设备结构、性能、传动原理、功能范围，严格执行安全操作规程，操作熟练，动作正确、规范。

b. 会维护。操作者要能准确、及时、正确地做好维修保养工作，做到定时、定点、定质、定量润滑，保证油路畅通。

c. 会检查。操作者必须熟知设备开动前和使用后的检查项目内容，正确进行检查操作。通过看、听、摸、嗅的感觉和机装仪表判断设备运转状态，分析并查明异常产生的原因。会使用检查工具和仪器检查、检测设备。

d. 会排除故障。操作者能正确分析判断一般常见故障，并可承担排除故障工作，排除不了的疑难故障，应该及时报检、报修。

③ 对设备及其周围工作场地的"四项基本要求"。

a. 整齐。工具、工件放置整齐，安全防护装置齐全，线路管道完整。

b. 清洁。设备清洁，环境干净，各滑动面无油污、无碰伤。

c. 润滑。按时加油换油，油质符合要求，油壶、油枪、油杯齐全，油毡、油线、油标清洁，油路畅通。

d. 安全。合理使用，精心维护保养，及时排除故障及一切危险因素，预防事故。

④ "五项纪律"。

a. 凭操作证使用设备，遵守安全操作规程。

b. 保持设备整洁，润滑良好。

c. 严格执行交接班制度。

d. 随机附件、工具、文件齐全。

e. 发生故障，立即排除或报告。

⑤ "润滑五定"。

a. 定点。按规定的加油点加油。

b. 定时。按规定的时间加油。

c. 定质。按规定的牌号加油。

d. 定量。按规定的油量加油。

e. 定人。由操作者或设备检修保养者加油。

(2) 设备安全运行操作规程。设备安全运行操作规程规定操作过程该干什么，不该干什么，或设备应该处于什么样的状态，是操作人员正确操作设备的依据，是保证设备安全运行的规范。

① 安全运行操作规程编制原则和依据。安全运行操作规程的制定要贯彻"安全第一，预防为主"的方针。其内容要结合设备实际运行情况，突出重点，文字力求简练、易懂、易记。条目的先后顺序力求与操作程序一致。

安全运行操作规程的编制根据是国家、行业有关法律、法规、规程、标准。

② 设备运行安全操作规程内容。

a. 设备安全运行管理规程，管理规程主要是对设备使用过程的维修保养、安全检查、安全检测、档案管理等的规定。

b. 设备安全运行技术要求，安全技术要求是对设备应处于什么样的技术状态所作的规定。

c. 设备运行操作过程规程，运行操作过程规程是对操作程序、过程安全要求的规定，是岗位安全运行操作规程的核心。

③ 设备安全运行操作规程的通用要求。

a. 开动设备、接通电源以前应清理好工作现场，仔细检查各种手柄位置是否正确、灵活，安全装置是否齐全可靠。

b. 开动设备前首先检查油池、油箱中的油量是否充足，油路是否畅通，并按润滑图表卡片进行润滑工作。

c. 变速时，各变速手柄必须转换到指定位置。

d. 工件必须装卡牢固，以免松动甩出，造成事故。

e. 已卡紧的工件，不得再进行敲打校正，以免损伤设备精度。

f. 要经常保持润滑工具及润滑系统的清洁，不得敞开油箱、油眼盖，以免灰尘、铁屑等异物进入。

g. 开动设备时必须盖好电器箱盖，不允许有污物、水、油进入电机或电器装置内。

h. 设备外露基准面或滑动面上不准堆放工具、产品等，以免碰伤影响设备精度。

i. 严禁超性能、超负荷使用设备。

j. 采取自动控制时，首先要调整好限位装置，以免超越行程造成事故。

k. 设备运转时操作者不得离开工作岗位，并应经常注意各部位有无异常（异音、异味、发热、振动等），发现故障应立即停止操作，及时排除。凡属操作者不能排除的故障，应及时通知维修工人排除。

l. 操作者离开设备时，或装卸工件，对设备进行调整、清洗或润滑时，都应停止并切断电源。

m. 不得随意拆除设备上的安全防护装置。

n. 调整或维修设备时，要正确使用拆卸工具，严禁乱敲乱拆。

o. 人员思想要集中，穿戴要符合安全要求，站立位置要安全。

p. 特殊危险场所的安全要求等。

第三章 安全管理知识再学习

安全操作规程示例见表 3-6。

表 3-6 安全操作规程（示例）

部门		设备或作业内容		责任人	
作业工序		安全要点			
一	作业前的准备	1. 具有相应资质（接受过安全培训）能力的从业人员进行作业。根据岗位要求正确使用相应的劳动保护用品； 2. 作业环境确认，清除各种危害因素；工、器具、各种材料物品码放整齐，按规定要求存放； 3. 启动通风、排风装置及其他相应劳保设施； 4. 设备注油、润滑正常			
二	开机作业确定	1. 现场无不安全状态；2. 无相关人员作业			
1 2 3	电源气源确认 按钮动作确认 周围环境确认	电源连接是否良好；连接线有无破损，气源是否正常，有无泄漏；确认后：OK 开机；现场有无异常状态；通气时严格按先后顺序作业； 在多按钮排列的情况下，防止按钮按错； 劳保设施是否正常运行			
三	主体作业 手工搬运	严格按照作业操作要求进行作业；正确使用劳保用品，检查设备运行是否正常， 正确使用劳保用品，防止划伤、砸伤。搬运时要求挺直腰杆，用腿部肌肉的力量和手的握力搬起重物，动作要求平缓，不要过猛、图快；严禁女职工搬运 15 kg 以上重物			
四	设备异常处理	按"紧急停止"按钮，检查异常产生原因，排除故障；在自己不能排除时，应立即通知班组长，请有关人员来排除故障			
五	结束动作确认	现场有无异常状态；关气时严格按先后顺序作业；结束后要求翻到"关"的位置；在多按钮排列的情况下，防止按钮按错			
应急处理		作业中严禁事项			
起火： 化学品泄漏： 人员伤害：		严禁无证（上岗证）人员上岗作业； 严禁非电工人员进行电工作业； 严禁女职工搬运 15 kg 以上重物			

(三) 设备设施的维护安全管理

1. 设备维护安全生产责任制管理标准

(1) 安全教育。

① 认真学习安全规程。

② 积极参加安全教育活动。

③ 有学习体会和活动记录。

④ 没有经过三级安全教育的人员不得上岗。

(2) 安全要求。

① 上岗前穿戴好防护用品。

② 不带火种进入工作现场。

③ 不吸烟。

④ 上岗前不喝酒。

⑤ 不在现场打闹。

(3) 操作要求。

① 牢记生产中的每个不安全部位和因素并有防范措施。

② 严格按规程操作。

(4) 检修要求。

① 设备检修前要与系统隔离。

② 动火分析合格后取得动火证方可动火。

③ 检修点要有一名操作工配合。

④ 检修中严禁往检修系统中排放任何物料。

⑤ 检修后验收合格。

(5) 器材要求。

① 消防器材完好。

② 灭火器在规定的使用范围内。

(6) 巡回检查要求。

① 听泄漏声音。

② 闻泄漏气味。

③ 看泄漏部位。

④ 记检查情况。

⑤ 及时消除缺陷。

2. 岗位设备维护保养管理标准

(1) 主要任务。加强岗位设备维护保养，提高设备运行率，保证生产安全、稳定、优质、高产、低耗。

(2) 操作人员应做到。

① 爱护设备、正确使用设备、精心维护设备。

② 必须经过培训学习，并经考试合格后方能上岗。

③ 必须做到"四懂三会"，即懂结构、懂原理、懂性能、懂用途；会使用、会维护保养、会排除故障。

(3) 实行承包。

① 将设备及管线按岗位和人头分工，做到台台设备都有人管。

② 定期检查维护，保持清洁、无尘、无腐蚀。

③ 配合维修工检修好设备。

(4) 操作要求。严格按照安全操作规程进行正常操作和事故处理。

(四) 设备设施安全检查管理

1. 对操作者的教育

为了使操作者能胜任对设备的点检工作，对操作者进行一定的专业技术知识和设备原理、构造、机能的教育是必要的。这项工作可由技术人员担当，并且要尽量采取轻松活泼的方式进行。

可制定教育计划，在计划中明确受教育者、教育担当者、教育的内容和日程安排以保障教育工作的实施。

2. 设备点检法及其特点

(1) 设备点检中的"点"是指设备的关键部位，通过检查这些点，就能及时、准确地获取设备技术和安全状态信息。

(2) 设备点检法特点：设备点检法是一种动态的检查方法，通过对设备关键部位的点检及时发现和解决设备故障和问题，动态了解设备技术状态和安全状况，提高设备的可靠性。点检法从维护、维修设备角度出发，直接针对设备的关键点，目标明确，是一种从点到面的系统管理方法;它通过制订严格的点检路线和查证方法来确保每次检查和维护的质量,使突发事故降到最低,有力地消灭了事故,减少了事故后抢修工作量,有利于增加生产,降低维修费。

3. 日常点检项目的确定

(1) 点检就是对机器设备以及场所进行的定期和不定期的检查、5S、加油、维护等工作。

(2) 设备的点检通常可分为开机前点检、运行中点检、周期性点检三种情况。

① 开机前点检就是要确认设备是否具备开机的条件。

② 运行中点检是确认设备运行的状态、参数是否良好。

③ 周期性点检是指停机后定期对设备进行的检查和维护工作。

(3) 确定点检项目就是要确定设备在开机前、运行中和停机后周期性需要检查和维护的具体项目。

① 点检项目的确定可以根据设备的有关技术资料、设备技术人员的指导和操作人员的经验完成。一开始确定的点检项目可能很繁琐,不是很精炼、准确,但是,以后可以逐渐对其进行简化和优化。

② 自主保全的点检项目应注意根据技术能力、维修备用品、维修工具等实际情况确定,并且要与专业技术人员进行的专业保全加以区别。在操作者的能力范围内,要做到自主促使的点检项目尽可能完善,保障设备的日常运行安全可靠。

③ 在确定点检项目的同时,要相应地制定每项点检项目的点检方法、判定基准和点检周期,以便点检工作的实施。点检方法、判定基准和点检周期的定义如下:

点检方法是指完成一个点检项目的手段,如目视、电流表测量、温度计测量等。

点检基准是指一个点检项目测量值的允许范围,它是判定一个点检项目是否符合要求的依据,如电机的运行电流范围、液压油油压范围等。判定基准不是很清楚时,可以咨询设备制造商或根据技术人员(专家)的经验值进行假定,以后逐渐提高管理精度。

点检周期是指一个点检项目两次点检作业之间的时间间隔。

4. 点检表格的制定

（1）点检表格是对设备进行点检作业的原始记录，通常包括如下项目：

① 点检项目。

② 点检方法。

③ 判定基准。

④ 点检周期。

⑤ 点检实施记录。

⑥ 异常情况记录。

（2）应尽量在现场对《点检表》进行确认，以监督点检作业的实施。

（3）表3-7、表3-8和表3-9分别是某公司发电机的开机前点检表、运行点检表、周期点检表，可供参考。

表3-7 发电机开机前点检表

机号：　　　　　　　　　　　　日期：　年　月　日

被检查单位		被检查部门、地点	
单位接待人员		部门接待人员	
其他人员			
序号	点检项目	判断标准	确认结果
1	燃油油位	绿色范围	
2	负荷开关	关闭状态	
3	速度转换开关	低速状态	
4	机油油位	标定范围内	
5	冷却水位	标定范围内	
6	风扇皮带	无松动损伤	
7	输油管阀门	开启状态	
8	蓄电池	观察孔呈绿色	
9	机身	无杂物	
确认人签名			
注：结果确认栏里，正常记"√"，不正常记"×"。			

表 3-8　发电机运行点检表

机号：　　　　　　　　　　　　　　　　日期：　　年　月　日

被检查单位		被检查部门、地点	
单位接待人员		部门接待人员	
其他人员			
序号	点检项目	判断标准	确认结果
1	油箱油位	绿色范围	
2	电源指示灯	亮	
3	输出频率	50 Hz	
4	输出电压	380 V	
5	输出电流	绿色范围（0～1 064 A）	
6	输出功率	绿色范围（0～560 kW）	
7	单/并机开关	并机状态	
8	高/低速开关	高速状态	
9	电池开关	开启状态	
10	负荷开关	开启状态	
11	过滤器报警	无	
12	启动钥匙	运行状态	
13	冷却油压	绿色范围 0.46 MPa	
14	冷却油温	绿色范围（<100 ℃）	
15	冷却水温	绿色范围（<90 ℃）	
16	充电电流	绿色范围（0～15 mA）	
17	转速表	1 500 r/min	
确认人签名注：			
结果确认栏里，正常记"√"，不正常记"×"。			

表 3-9 发电机周期点检表

机号：　　　　　　　　　　　　　　日期：　　年　月　日

被检查单位			被检查部门、地点		
单位接待人员			部门接待人员		
其他人员					
N°	点检项目	点检方法	判断标准	周期	结果确认
1	机体状态	目视	干净无损伤	次/周	
2	油路和油阀开关	观测试验	灵活无锈蚀	次/周	
3	蓄电池	观测试验	光溢液电量足	次/周	
4	应急照明灯	观测试验	功能正常	次/周	
5	空气过滤器	清洁或更换	干净无损伤	次/周	
6	燃油泵开关柜	观测清洁	电流电压正常	次/周	
7	机油及过滤器	测试或更换	油位油质正常	次/周	
8	皮带松紧度	测试	松紧正常	次/周	
点检者盖章					
	异常记录			确认	
*注：结果确认栏中，良好○；要维修×；修理中●					

第三节　消防安全管理

一、企业单位消防安全管理及其职责

1. **履行消防安全职责**

（1）机关、团体、企业、事业等单位应当履行下列消防安全职责：

① 落实消防安全责任制，制定本单位的消防安全制度、消防安全操作规程，制定灭火和应急疏散预案；

② 按照国家标准、行业标准配置消防设施、器材，设置消防安全标志，并定期组织检验、维修，确保完好有效；

③ 对建筑消防设施每年至少进行一次全面检测，确保完好有效，检测记录应当完整准确，存档备查；

④ 保障疏散通道、安全出口、消防车通道畅通，保证防火防烟分区、防火间距符合消防技术标准；

⑤ 组织防火检查，及时消除火灾隐患；

⑥ 组织进行有针对性的消防演练；

⑦ 法律、法规规定的其他消防安全职责。

单位的主要负责人是本单位的消防安全责任人。

（2）消防安全重点单位除应当履行上述（1）规定的职责外，还应当履行下列消防安全职责：

① 确定消防安全管理人，组织实施本单位的消防安全管理工作；

② 建立消防档案，确定消防安全重点部位，设置防火标志，实行严格管理；

③ 实行每日防火巡查，并建立巡查记录；

④ 对职工进行岗前消防安全培训，定期组织消防安全培训和消防演练。

（3）同一建筑物由两个以上单位管理或者使用的，应当明确各方的消防安全责任，并确定责任人对共用的疏散通道、安全出口、建筑消防设施和消防车通道进行统一管理。

住宅区的物业服务企业应当对管理区域内的共用消防设施进行维护管理，提供消防安全防范服务。

（4）生产、储存、经营易燃易爆危险品的场所不得与居住场所设置在同一建筑物内，并应当与居住场所保持安全距离。

生产、储存、经营其他物品的场所与居住场所设置在同一建筑物内的，应当符合国家工程建设消防技术标准。

2. 单位消防安全责任人的消防安全职责

单位消防安全责任人对本单位的消防安全工作负责，因此必须明确自己的消防管理职责，以便做到权责统一。

单位的消防安全责任人的消防安全职责：

（1）贯彻执行消防法规。根据国家和各级政府的消防法规和指示，结合本单位的实际，组织制定生产、经营、管理等各个环节的消防安全制度和安全操作程序，平时掌握本单位的消防安全情况，狠抓消防安全制度和消防安全操作规程的贯彻执行，保障单位的消防安全。

（2）批准实施年度消防工作计划，并将其纳入本单位的生产、科研、经营、管理等活动之中进行统筹安排。

（3）实行和落实消防安全责任制和岗位消防安全责任制，确定逐级消防安全责任。消防安全工作实践证明，一个单位只要是消防安全责任人明确，职责清楚，消防工作就会层层有人抓，处处有人管，及时发现和消除隐患。

（4）为本单位的消防安全提供必要的经费和组织保障，即根据需要确定本单位的消防安全管理人，根据消防法规的规定建立专职消防队、义务消防队。

（5）组织防火检查，督促落实火灾隐患整改。要适时组织开展以查思想、查制度、查措施、查责任、查隐患为主要内容的防火检查，及时发现、纠正消防安全工作中存在的问题，及时处理涉及消防安全的重大问题。

（6）按照国家有关规定配置消防设施和器材，设置消防安全标志，并定期组织检测、维修，确保消防设施和器材完好有效。

（7）组织制定符合本单位实际的灭火和应急疏散预案，并组织实施演练。

3. 消防安全管理人的消防管理职责

单位经营规模和管理范围较大，可以根据需要规定本单位的消防安全管理人，直接对单位的消防安全责任人负责。

由单位的消防安全管理人实施和组织落实的消防安全管理工作有：

（1）拟定年度消防工作计划，在单位消防安全责任人的领导下组织实施日常消防安全管理工作。

（2）组织制定消防安全制度和保障消防安全的操作规程，并检查督促其落实。

（3）拟定消防安全工作的资金投入和组织保障方案，即确定适应本单位消防安全要求的组织形式。

（4）组织实施防火检查和火灾隐患整改工作。

（5）组织实施对本单位建筑物内的火灾自动报警、自动灭火、防火卷帘、消火栓等消防设施、灭火器材和消防安全标志的维护保养，确保其完好有效，确保疏散通道和安全出口畅通。

（6）组织管理专职消防队和义务消防队。

（7）在员工中组织开展消防知识、技能的宣传教育和培训，组织灭火和应急疏散预案的实施和演练。

（8）单位消防安全责任人委托的其它消防管理工作。未确定消防管理人的单位，上述消防管理职责由单位消防安全责任人负责实施。

二、火灾事故安全管理

各企业单位应当遵守消防法律、法规、规章，贯彻预防为主、防消结合的消防工作方针，履行消防安全职责，保障消防安全，避免火灾事故的发生，要从以下方面加强火灾事故的预防和管理。

1. **防火检查**

（1）消防安全重点单位应当进行每日防火巡查，并确定巡查的人员、内容、部位和频次。其他单位可以根据需要组织防火巡查。巡查的内容应当包括：

① 用火、用电有无违章情况；

② 安全出口、疏散通道是否畅通，安全疏散指示标志、应急照明是否完好；

③ 消防设施、器材和消防安全标志是否在位、完整；

④ 常闭式防火门是否处于关闭状态，防火卷帘下是否堆放物品影响使用；

⑤ 消防安全重点部位的人员在岗情况；

⑥ 其他消防安全情况。

公众聚集场所在营业期间的防火巡查应当至少每两小时一次；营业结束时应当对营业现场进行检查，消除遗留火种。医院、养老院、寄宿制的学校、托儿所、幼儿园应当加强夜间防火巡查，其他消防安全重点单位可以结合实际组织夜间防火巡查。

防火巡查人员应当及时纠正违章行为，妥善处置火灾危险，无法当场处置的，应当立即报告。发现初起火灾应当立即报警并及时扑救。

防火巡查应当填写巡查记录，巡查人员及其主管人员应当在巡查记录上签名。

（2）企业单位应当至少每月进行一次防火检查。检查的内容应当包括：

① 火灾隐患的整改情况以及防范措施的落实情况；

② 安全疏散通道、疏散指示标志、应急照明和安全出口情况；

③ 消防车通道、消防水源情况；

④ 灭火器材配置及有效情况；

⑤ 用火、用电有无违章情况；

⑥ 重点工种人员以及其他员工消防知识的掌握情况；

⑦ 消防安全重点部位的管理情况；

⑧ 易燃易爆危险物品和场所防火防爆措施的落实情况以及其他重要物资的防火安全情况；

⑨ 消防（控制室）值班情况和设施运行、记录情况；

⑩ 防火巡查情况；

⑪ 消防安全标志的设置情况和完好、有效情况；

⑫ 其他需要检查的内容。

防火检查应当填写检查记录。检查人员和被检查部门负责人应当在检查记录上签名。

（3）单位应当按照建筑消防设施检查维修保养有关规定的要求，对建筑消防设施的完好有效情况进行检查和维修保养。

（4）设有自动消防设施的单位，应当按照有关规定定期对其自动消防设施进行全面检查测试，并出具检测报告，存档备查。

（5）单位应当按照有关规定定期对灭火器进行维护保养和维修检查。对灭火器应当建立档案资料，记明配置类型、数量、设置位置、检查维修单位（人员）、更换药剂的时间等有关情况。

2. 火灾隐患整改

（1）单位对存在的火灾隐患，应当及时予以消除。

（2）对下列违反消防安全规定的行为，单位应当责成有关人员当场改正并督促落实：

① 违章进入生产、储存易燃易爆危险物品场所的；

② 违章使用明火作业或者在具有火灾、爆炸危险的场所吸烟、使用明火等违反禁令的；

③ 将安全出口上锁、遮挡，或者占用、堆放物品影响疏散通道畅通的；

④ 消火栓、灭火器材被遮挡影响使用或者被挪作他用的；

⑤ 常闭式防火门处于开启状态，防火卷帘下堆放物品影响使用的；

⑥ 消防设施管理、值班人员和防火巡查人员脱岗的；

⑦ 违章关闭消防设施、切断消防电源的；

⑧ 其他可以当场改正的行为。

违反上述规定的情况以及改正情况应当有记录并存档备查。

（3）对不能当场改正的火灾隐患，消防工作归口管理职能部门或者专兼职消防管理人员应当根据本单位的管理分工，及时将存在的火灾隐患向单位的消防安全管理人或者消防安全责任人报告，提出整改方案。消防安全管理人或者消防安全责任人应当确定整改的措施、期限以及负责整改的部门、人员，并落实整改资金。

在火灾隐患未消除之前，单位应当落实防范措施，保障消防安全。不能确保消防安全，随时可能引发火灾或者一旦发生火灾将严重危及人身安全的，应当将危险部门停产停业整改。

（4）火灾隐患整改完毕，负责整改的部门或者人员应当将整改情况记录报送消防安全责任人或者消防安全管理人签字确认后存档备查。

（5）对于涉及城市规划布局而不能自身解决的重大火灾隐患，单位应当提出解决方案并及时向其上级主管部门或者当地人民政府报告。

（6）对公安消防机构责令限期改正的火灾隐患，单位应当在规定的期限内改正并写出火灾隐患整改复函，报送公安消防机构。

3. 消防安全宣传教育和培训

（1）单位应当通过多种形式开展经常性的消防安全宣传教育。消防安全重点单位对每名员工应当至少每年进行一次消防安全培训。宣传教育和培训内容应当包括：

① 有关消防法规、消防安全制度和保障消防安全的操作规程；

② 本单位、本岗位的火灾危险性和防火措施；

③ 有关消防设施的性能、灭火器材的使用方法；

④ 报火警、扑救初起火灾以及自救逃生的知识和技能。

公众聚集场所对员工的消防安全培训应当至少每半年进行一次，培训的内容还应当包括组织、引导在场群众疏散的知识和技能。

单位应当组织新上岗和进入新岗位的员工进行上岗前的消防安全培训。

（2）公众聚集场所在营业、活动期间，应当通过张贴图画、广播、闭路电视等向公众宣传防火、灭火、疏散逃生等常识。

（3）下列人员应当接受消防安全专门培训：

① 单位的消防安全责任人、消防安全管理人；
② 专、兼职消防管理人员；
③ 消防控制室的值班、操作人员；
④ 其他依照规定应当接受消防安全专门培训的人员。

上述规定中的第③项人员应当持证上岗。

4．灭火、应急疏散预案和演练

（1）消防安全重点单位制定的灭火和应急疏散预案应当包括下列内容：

① 组织机构，包括：灭火行动组、通讯联络组、疏散引导组、安全防护救护组；
② 报警和接警处置程序；
③ 应急疏散的组织程序和措施；
④ 扑救初起火灾的程序和措施；
⑤ 通讯联络、安全防护救护的程序和措施。

（2）消防安全重点单位应当按照灭火和应急疏散预案，至少每半年进行一次演练，并结合实际，不断完善预案。其他单位应当结合本单位实际，参照制定相应的应急方案，至少每年组织一次演练。

消防演练时，应当设置明显标识并事先告知演练范围内的人员。

5．消防档案

（1）消防安全重点单位应当建立健全消防档案。消防档案应当包括消防安全基本情况和消防安全管理情况。消防档案应当详实、全面反映单位消防工作的基本情况，并附有必要的图表，根据情况变化及时更新。

单位应当对消防档案统一保管、备查。

（2）消防安全基本情况应当包括以下内容：

① 单位基本概况和消防安全重点部位情况；
② 建筑物或者场所施工、使用或者开业前的消防设计审核、消防验收以及消防安全检查的文件、资料；
③ 消防管理组织机构和各级消防安全责任人；

④ 消防安全制度；

⑤ 消防设施、灭火器材情况；

⑥ 专职消防队、义务消防队人员及其消防装备配备情况；

⑦ 与消防安全有关的重点工种人员情况；

⑧ 新增消防产品、防火材料的合格证明材料；

⑨ 灭火和应急疏散预案。

（3）消防安全管理情况应当包括以下内容：

① 公安消防机构填发的各种法律文书；

② 消防设施定期检查记录、自动消防设施全面检查测试的报告以及维修保养的记录；

③ 火灾隐患及其整改情况记录；

④ 防火检查、巡查记录；

⑤ 有关燃气、电气设备检测（包括防雷、防静电）等记录资料；

⑥ 消防安全培训记录；

⑦ 灭火和应急疏散预案的演练记录；

⑧ 火灾情况记录；

⑨ 消防奖惩情况记录。

上述规定中的②、③、④、⑤记录，应当记明检查的人员、时间、部位、内容、发现的火灾隐患以及处理措施等；第⑥项记录，应当记明培训的时间、参加人员、内容等；第⑦项记录，应当记明演练的时间、地点、内容、参加部门以及人员等。

（4）其他单位应当将本单位的基本概况、公安消防机构填发的各种法律文书、与消防工作有关的材料和记录等统一保管备查。

6. 奖惩

单位应当将消防安全工作纳入内部检查、考核、评比内容。对在消防安全工作中成绩突出的部门（班组）和个人，单位应当给予表彰奖励。对未依法履行消防安全职责或者违反单位消防安全制度的行为，应当依照有关规定对责任人员给予行政纪律处分或者其他处理。

三、灭火的基本方法

1. 冷却法灭火

所谓冷却法，就是将水等具有冷却降温和吸热作用的灭火剂，直接喷洒到燃烧的物体上，以降低燃烧物的热量。同时将灭火剂喷洒到火源附近的可燃物上，防止被可燃物烤着等。如木材、纸张、被褥、家具等物质着火时，都可将水喷洒在上面进行冷却灭火。其原理就是破坏和消除物质燃烧必须具备的条件之一——温度和热量。

2. 窒息法灭火

所谓窒息法，就是用湿棉被、沙土等捂盖着火物，使空气不能或少量进入燃烧区，或者用氮气、二氧化碳等惰性气体冲淡燃烧区的空气，使燃烧过程因缺少氧气而停止。其原理就是破坏和消除燃烧所必需的要素——氧气。

利用窒息法灭火的注意事项主要有：对燃烧面积小或易封闭的物体，适当采取窒息法灭火；对封闭空间采用窒息法灭火时，必须确认火已彻底熄灭后，方可打开孔洞检查，严防过早打开孔洞，使空气进入发生复燃；用气体灭火时，喷向燃烧区的灭火剂供给强度要大，以便在短时间内能迅速降低燃烧区的含氧量，达到窒息灭火的目的；用某种覆盖物捂盖灭火时，应捂盖严密，越严密灭火效果越好。

3. 隔离法灭火

隔离法灭火，是将已经着火的可燃物与附近还没有着火的可燃物隔离或者疏散开，或者切断其来源，使燃烧区得不到充分的燃料供应而使燃烧停止。

火场上利用隔离法灭火的具体措施有：关闭燃气管道上的阀门，截断流向着火点的气源；将着火点附近能成为火势蔓延的易燃、可燃物品尽快转移到安全地点；用水枪射水形成水帘幕作为隔离带，将着火区与未燃烧区分隔开来，以阻隔、控制火势；用湿麻袋等物覆盖火源附近不能搬移的可燃物品,以阻隔火焰的辐射等。

4. 抑制法灭火

抑制灭火法是将化学灭火剂喷入燃烧区参与燃烧反应、中止连锁反应而使燃烧反应停止的灭火方法。使用这种方法灭火效果好,但要注意:要将灭火剂准确地投放到燃烧区内,使之快速参与中止连锁反应,否则不但浪费了灭火剂,而且灭不了火。在扑救 A 类火灾时,在采用干粉灭火剂灭火之后,还应配合冷却降温措施,以防复燃。

以上四种灭火方法各有长处和优点。灭火时具体采取哪些方法和措施,应遵循迅速有效、经济损失小的原则,根据燃烧物质的性质、燃烧特点和火场具体情况,以及灭火器材的性能进行选择。以上四种灭火方法,既可单独采用,也可综合使用。

四、灭火器的正确使用方法

灭火器是扑救初起火灾的重要消防器材,轻便灵活,可移动,稍经训练即可掌握其操作使用方法。

1. 水型灭火器

主要用于扑救固体物质火灾,如木材、纸张、棉麻、织物等的初起火灾。

使用方法:将清水灭火器提至火场,在距燃烧物大约 10 m 处,将灭火器直立放稳。摘下保险帽,用手掌拍击开启杆顶端的凸头,随后立即一手提起灭火器筒盖上的提圈,另一只手托住灭火器筒盖上的底圈,将喷射的水流对准燃烧最猛烈处喷射。随着灭火器喷射距离的缩短,操作者应逐渐向燃烧物靠近,使水流始终喷射在燃烧处,直至将火扑灭。

2. 干粉灭火器

(1) 碳酸氢钠干粉灭火器(BC 干粉灭火器)。适用于扑救常用于加油站、汽车库、实验室、变配电室、液化气站、油库、船舶、车辆、工矿企业等场所。

（2）磷酸铵盐干粉灭火器（ABC干粉灭火器）。适用于扑救可燃固体、可燃液体、可燃气体和带电设备的初起火灾。

使用方法：手提灭火器的提把，在距离起火点5 m左右处，放下灭火器。在室外使用时应注意占据上风处。使用前，先把灭火器上下颠倒几次，使筒内干粉松动，然后拔下保险销，一只手握住喷嘴，另一只手用力按下压把，干粉便会从喷嘴喷出。干粉灭火器在喷粉过程中应始终保持直立状态，不能横卧或颠倒使用，否则不能喷射。在扑救流散液体火灾时，应从火焰侧面，对准火焰根部，水平喷射，并由近而远，左右扫射，快速推进，直至把火焰全部扑灭。

注意：在扑救容器内火灾时，不要把喷嘴直接对准液面喷射，以防干粉气流的冲击力使油液飞溅，引起火势扩大。使用ABC干粉灭火器扑救固体物质火灾时，应使喷嘴对准燃烧最猛烈处，左右扫射，并应尽量使干粉灭火剂均匀地喷洒在燃烧物表面上，直到把火完全扑灭。

3. 二氧化碳灭火器

适于扑救可燃液体、可燃气体和带电设备的初起火灾，常用于加油站、油泵间、液化气站、实验室、变配电室、柴油发电机房等场所作初期防护。二氧化碳灭火时不污损物件，灭火后不留痕迹，所以它更适于扑救精密仪器和贵重设备的初起火灾，如电子计算机房、通讯机房和精密设备间等场所。

使用方法：操作方法与干粉灭火器基本相同。但应注意以下几点：

（1）没有戴防护手套时，不要用手直接握喷筒或金属管，以防冻伤。

（2）在室外使用时应选择在上风向。

（3）在狭小空间内灭火时，灭火后应迅速撤离。

（4）扑救室内火灾后，应先打开门窗通风，然后人再进入，以防窒息。

五、火场逃生的基本方法

1. 火灾时的自救逃生方法

在人多的地方一旦发生火灾,常因人员慌乱、拥挤而阻塞通道,发生互相践踏的惨剧;或由于逃生方法不当,造成人员伤亡。突遇火灾时,采取以下方式进行逃生和自救:

(1) 利用疏散通道逃生。火灾初起,可走室内外步行楼梯、自动扶梯、消防电梯等通道快速撤离;疏散时,靠近承重墙走,以防坠物砸伤。

(2) 自制器材逃生。在商场遭遇火灾时,要充分利用现场可利用的逃生物资。将床单、衣服、纺织品浸湿后捂住口鼻;用绳索、布匹、皮带、电缆线等开辟逃生通道;穿戴现有的安全帽、摩托车头盔、工作服等。

(3) 选择好逃离路线。如果是一楼或平房,选择从门、窗逃离;如果是高层住宅,楼梯已经烧断,就采取以下逃离方法:

① 用长而结实的绳子绑牢后沿绳索而下。

② 沿比较容易攀援的水管而下。但是切不可盲目跳楼。

③ 利用建筑物逃生,如上述两种方法都无法逃生,可利用落水管逃生。

(4) 如果外边浓烟太大,火势很猛,则不可贸然开门冲出,这时需要顶紧房门,并迅速用水将门浇湿,用泡湿的被子、毛毯堵严门缝,不使外边的火焰和浓烟进来,再选择水池边、窗户边等通气情况好、不易被燃烧的地方暂时躲避,大声呼救,等待救援。

(5) 无路可逃则应积极寻找避难处所,如到室外阳台、楼层平顶等待救援;并不断发出各种呼救信号,以引起救援人员注意,帮助自己脱离困境。

(6) 身上着火,千万不要奔跑,可就地打滚或用厚重的衣物压灭火苗。

(7) 沿楼梯逃离时,用一条湿手巾或湿床单作掩护,可抵挡迎面而来的火焰。

（8）逃跑时不要直立行走，最好的办法是低头弯腰，必要时则要爬行。

2. 救人的方法

在火场上救人，要根据火势或险情对被困人员的威胁程度和被困人员的实际情况采取下列不同的救人方法：

（1）对于神志清醒，但在烟雾中辨不清方向或找不到出口的被困人员，可以指明通道，让其自行脱险，也可直接带领他们撤出。

（2）对于行动不便的老弱病残者、儿童以及因惊吓、烟熏、火烧而昏迷的人员，要用背、抱、抬的方法把他们抢救出来。需要穿过烟火封锁区时，可用湿衣服、湿被褥等将被救者和救援者的头脸部及身体遮盖起来，并用雾状水枪掩护，防止被火焰或热气灼伤。

（3）楼层的内部走廊、楼梯、门等通道已被烟火封锁，被困人员无法逃生时，应利用消防拉梯、挂钩梯，或举高消防车升起，架设到被困人员所在的窗口、阳台、屋顶等处，然后利用消防梯、举高消防车、救生袋、缓降器等将被困人员救出。

（4）无法架设消防梯时，可利用挂钩梯，徒手爬落水管、窗户等方法攀登上楼，然后用救生器材救人，或使用射绳枪将绳索射到被困人员所在的位置上，再让被困人员用绳将缓降器、救生梯、救生袋等消防救援器材吊上去，然后让被困人员使用器材自救。

（5）被困在窗口、阳台、屋顶的人员，尤其是悬掉在建筑物外面的人员，在浓烟烈火的威胁下，有可能冒险跳楼，此时要用喊话或写大字标语的方式，告诫他们坚持到底等待救援，不要铤而走险。同时在地面做好救生准备，如拉开救生网、铺好救生垫，如无救生网、救生垫，可用海绵垫、床垫等代替，以防万一，接住往下跳的人员。

（6）在使用消防梯抢救楼层内被困人员时，要警惕并制止他们蜂拥而上，以免造成人员坠落、翻梯等事故。被困人员自己沿消防梯从楼层向地面疏散时，应用安全绳系其腰部保护，或由消防人员将其背在身上护送下梯。

（7）对抢救出来的人员要清点人数，认真核对，切实查清被困人员是否全部救出，还要防止被救出来的人重新跑进火场内。

（8）对抢救出来的受伤人员，除在现场急救外，还应及时送往医院进行抢救治疗。

第四节　安全生产应急管理

一、事故应急预案

我国最新的法律法规要求，任何生产经营单位都应该制定事故应急救援预案。应急救援预案制定后，应进行应急演练。

应急预案是针对可能发生的突发事件，为迅速、有序地开展应急行动而预先制定的行动方案。事故应急预案在应急系统中起着关键作用，它明确了在突发事故发生之前、发生过程中以及刚刚结束之后，谁负责做什么、何时做，以及相应的策略和资源准备等。它是针对可能发生的重大事故及其影响、后果的严重程度，为应急准备和应急响应的各个方面所预先作出的详细安排，是开展及时、有序和有效的事故应急救援工作的行动指南。

1. 应急预案的编制要求

应急预案的编制应当符合下列基本要求：

（1）有关法律、法规、规章和标准的规定。

（2）本地区、本部门、本单位的安全生产实际情况。

（3）本地区、本部门、本单位的危险性分析情况。

（4）应急组织和人员的职责分工明确，并有具体的落实措施。

（5）有明确、具体的应急程序和处置措施，并与其应急能力相适应。

（6）有明确的应急保障措施，满足本地区、本部门、本单位的应急工作需要。

（7）应急预案基本要素齐全、完整，应急预案附件提供的信息准确。

（8）应急预案内容与相关应急预案相互衔接。

2. 应急预案的种类

应急预案按时间特征可划分为常备预案和临时预案（如偶尔组织的大型集会等），按事故灾害或紧急情况的类型可划分为自然灾害、事故灾难、突发公共卫生事件和突发社会安全事件等预案。而最适合生产经营企业预案文件体系的分类方法是按预案的适用对象范围进行分类，即将生产经营企业的应急救援预案划分为综合预案、专项预案和现场预案，以保证预案文件体系的层次清晰和开放性。生产经营企业事故应急救援预案是按预案的适用对象范围进行分类，多采用综合预案、专项预案、现场预案的形式进行编制。

3. 应急预案的编制步骤

（1）成立应急预案编制小组。应急预案，只有具有良好的针对性、科学性、实用性和可操作性，才能保证应急救援的成功进行，实现应急救援目标。应急预案的针对性、科学性、实用性和可操作性要求，决定了应急预案的编制是一个复杂的过程。

由于应急预案的内容涉及诸多领域，包括工艺过程方面的危害辨识、设备维护管理及风险评价、作业场所环境、危险化学品、应急劳动保护品的选用、医疗救护、消防与治安等多个方面，单靠几个人的努力是无法完成的。

因此，编制应急预案，首先要成立应急预案编制小组，并由相当层次的领导担任负责人，以便调用各方力量，保证编制小组的建立、资料的搜集、资源的评估等方方面面难以保证或困难较大的工作能得到充分保证。

（2）授权、任务和进度。

① 获得授权。由编制小组牵头部门，代表应急编制小组，编制预案编制计划及所需的各项保证措施，报小组负责人，经管理层讨

论通过,最终获得最高管理者的明文授权。

② 发布任务书。小组负责人,根据领导授权发布任务书。任务书主要内容:编制应急预案的目的;编制应急预案的原则;编制应急预案的对象;应急预案的功能目标;编制应急预案的人员;编制应急预案的进度;编制应急预案的经费;编制应急预案的要求。

③ 预案编制的进度与内容

a. 明确任务的优先顺序。要根据预案编制的基本步骤和企业危险特性及人员素质、相关资料、物力、财力等资源情况,将各项工作进行优化排序。

b. 编制工作时间进度表。根据工作优先顺序,编制各项工作的时间进度表。若情况发生变化,及时对时间进度进行修改。

c. 时间分配。时间分配可参考以下几个阶段进行:人员培训、资料收集、初始评估、预案编制、预案评审与改进、预案发布。

(3) 资料收集。收集应急预案编制所需的各种资料(相关法律法规、应急预案、技术标准、国内外同行业事故案例分析、本单位技术资料等)。

(4) 危险源与风险分析。危险源是事故发生的根源,通过危险因素分析对危险源进行辨识,是确定应急预防与应急救援对象的基础。

当潜在的危险成为实际时,生命、财产和环境易受伤害或破坏。因此,在企业危险识别的基础上还要进一步进行风险分析,即每一紧急情况发生的可能性和潜在后果。

危险源与风险分析,就是在危险因素辨识分析及事故隐患排查、治理的基础上,确定本单位的危险源、可能发生事故的类型和后果,进行事故风险分析,并指出事故可能产生的次生、衍生事故,形成分析报告,分析结果作为应急预案的编制依据。

具体分析,应按照国家相关标准、规范,采用安全检查表、火灾爆炸指数评价、预先危险分析、故障类型及危险分析等。建立危险辨识与风险评价程序,使危险分析工作规范化。

(5) 应急资源评估。应急救援所需要的组织机构、救援队伍、救援人员、物资装备、专家、信息等人力、物力、信息资源的统称。

应急资源既包括企业内部的应急资源，也包括企业外部的，在评估时都要考虑到。

(6) 应急能力评估。企业应根据实际情况，通过实施初始评估，对企业现有的应急能力、可能发生的危险和紧急情况，掌握有关的信息，并对企业目前在处理紧急事件时的基本能力进行评估。初始评估工作应由应急编制小组中的专业人员进行，并与相关部门及重要岗位员工交流。

初始评估一般应包括如下内容：

① 识别企业现有的风险，确定哪些是重大风险，对现有的或计划中的作业环境和作业组织中存在的重大危害和风险进行识别、预测和评价；

② 确定现有的应急措施或计划，采取的应急措施是否能消除危害和控制风险，确定企业在事故突发时的应急能力；

③ 找出现有的适用的法律和法规，确定适用于企业和地方应急方面的相关法规；

④ 查阅相关资料，进一步找出问题与不足；

⑤ 结合本单位实际，提出加强应急能力建设的意见与建议；

⑥ 初始评估的结果应形成书面报告，作为应急预案编制的决策基础；

(7) 应急预案编制。针对可能发生的事故，按照有关规定和要求编制应急预案。应急预案编制过程中，应注重全体人员的参与和培训，使所有与事故有关人员均掌握危险源的危险性、应急处置方案和技能。应急预案应充分利用社会应急资源，与地方政府预案、上级主管单位以及相关部门的预案相衔接。

编写过程如下：

① 确定应急对象；

② 确定行动的优先顺序；

③ 按照任务书列出任务清单、工作人员清单和时间表；
④ 编写分工，按任务清单与工作人员清单，进行合理分工；
⑤ 集体讨论，定期不定期组织讨论，发现问题，及时改进；
⑥ 初稿完成，征求意见，初步评审；
⑦ 创造条件，进行应急演练，对预案进行验证；
⑧ 评审定稿。

(8) 应急预案评审与发布。应急预案编制完成后，应进行评审。评审由本单位主要负责人组织有关部门和人员进行。外部评审由上级主管部门或地方政府负责安全管理的部门组织审查。评审后，按规定报有关部门备案，并经生产经营单位主要负责人签署发布。

4. 事故应急预案的内容

应急预案是针对可能发生的重大事故所需的应急准备和应急响应行动而制定的指导性文件，其核心内容如下：

(1) 对紧急情况或事故灾害及其后果的预测、辨识和评估。

(2) 规定应急救援各方组织的详细职责。

(3) 应急救援行动的指挥与协调。

(4) 应急救援中可用的人员、设备、设施、物资、经费保障和其他资源，包括社会和外部援助资源等。

(5) 在紧急情况或事故灾害发生时保护生命、财产和环境安全的措施。

(6) 现场恢复。

(7) 其他，如应急培训和演练、法律法规的要求等。

二、事故应急演练

应急救援预案演练是指针对情景事件，按照应急预案而组织实施的预警、应急响应、指挥与协调、现场处置与救援、评估总结等活动。应急救援预案的演练是检验、评价和保持应急能力的一个重要手段。通过应急演练，可在事故真正发生前暴露预案和程序的缺陷，发现应急资源的不足，改善各应急部门、机构、人员之间的协调,增强公众应对突发重大事故救援的信心和应急意识,提高应急人员的熟练程度和技术水平,进一步明确各自的岗位与职责,提高各级预案之间的协调性,提高整体应急反应能力。

1. 应急演练的类型

按照应急演练的内容,可分为综合演练和专项演练;按照演练的形式,可分为现场演练和桌面演练;按照演练的目的,可分为检验性演练、研究性演练。

（1）综合演练。根据情景事件要素,按照应急预案检验包括预警、应急响应、指挥与协调、现场处置与救援、保障与恢复等应急行动和应对措施的全部应急功能的演练活动。

（2）专项演练。根据情景事件要素,按照应急预案检验某项或数项应对措施或应急行动的部分应急功能的演练活动。

（3）现场演练。选择（或模拟）生产建设某个工艺流程或场所,现场设置情景事件要素,并按照应急预案组织实施预警、应急响应、指挥与协调、现场处置与救援等应急行动和应对措施的演练活动。

（4）桌面演练。设置情景事件要素,在室内会议桌面（图纸、沙盘、计算机系统）上,按照应急预案模拟实施预警、应急响应、指挥与协调、现场处置与救援等应急行动和应对措施的演练活动。

（5）检验性演练。不预先告知情景事件,由应急演练的组织者随机控制,参演人员根据演练设置的突发事件信息,按照应急预案组织实施预警、应急响应、指挥与协调、现场处置与救援等应急行动和应对措施的演练活动。

（6）研究性演练。为验证突发事件发生的可能性、波及范围、风险水平以及检验应急预案的可操作性、实用性等而进行的预警、应急响应、指挥与协调、现场处置与救援等应急行动和应对措施的演练活动。

2. 应急演练的基本内容

（1）预警与通知。接警人员接到报警后,按照应急预案规定的时间、方式、方法和途径,迅速向可能受到突发事件波及区域的相关部门和人员发出预警通知，同时报告上级主管部门或当地政府有关部门、应急机构，以便采取相应的应急行动。

（2）决策与指挥。根据应急预案规定的响应级别，建立统一的应急指挥、协调和决策机构，迅速有效地实施应急指挥，合理高效地调配和使用应急资源，控制事态发展。

（3）应急通讯。保证参与预警、应急处置与救援的各方，特别是上级与下级、内部与外部相关人员通讯联络的畅通。

（4）应急监测。对突发事件现场及可能波及区域的气象、有毒有害物质等进行有效监控并进行科学分析和评估，合理预测突发事件的发展态势及影响范围，避免发生次生或衍生事故。

（5）警戒与管制。建立合理警戒区域，维护现场秩序，防止无关人员进入应急处置与救援现场，保障应急救援队伍、应急物资运输和人群疏散等的交通畅通。

（6）疏散与安置。合理确定突发事件可能波及区域，及时、安全、有效的撤离、疏散、转移、妥善安置相关人员。

（7）医疗与卫生保障。调集医疗救护资源对受伤人员合理检伤并分级，及时采取有效的现场急救及医疗救护措施，做好卫生监测和防疫工作。

（8）现场处置。应急处置与救援过程中，按照应急预案规定及相关行业技术标准采取的有效技术与安全保障措施。

（9）公众引导。及时召开新闻发布会，客观、准确地公布有关信息，通过新闻媒体与社会公众建立良好的沟通。

（10）现场恢复。应急处置与救援结束后，在确保安全的前提下，实施有效洗消、现场清理和基本设施恢复等工作。

（11）总结与评估。对应急演练组织实施中发现的问题和应急演练效果进行评估总结，以便不断改进和完善应急预案，提高应急响应能力和应急装备水平。

（12）其他。根据相关行业（领域）安全生产特点所包含的其他应急功能。

3. 现场应急演练的实施

(1) 熟悉演练方案。应急演练领导小组正、副组长或成员召开会议，重点介绍有关应急演练的计划安排，了解应急预案和演练方案，做好各项准备工作。

(2) 安全措施检查。确认演练所需的工具、设备、设施以及参演人员到位。对应急演练安全保障方案以及设备、设施进行检查确认，确保安全保障方案的可行性，安全设备、设施的完好性。

(3) 组织协调。应在控制人员中指派必要数量的组织协调员，对应急演练过程进行必要的引导，以防发生意外事故。组织协调员的工作位置和任务应在应急演练方案中作出明确的规定。

(4) 紧张有序开展应急演练。应急演练总指挥下达演练开始指令后，参演人员针对情景事件，根据应急预案的规定，紧张有序地实施必要的应急行动和应急措施，直至完成全部演练工作。

4. 桌面应急演练的实施

桌面应急演练的实施可以参考现场应急演练实施的程序，但是由于桌面应急演练的组织形式、开展方式与现场应急演练不同，其演练内容主要是模拟实施预警、应急响应、指挥与协调、现场处置与救援等应急行动和应对措施，因此需要注意以下问题：

(1) 桌面应急演练一般设一名主持人，可以由应急演练的副总指挥担任，负责引导应急演练按照规定的程序进行。

(2) 桌面应急演练可以在实施过程中加入讨论的内容，以便于验证应急预案的可操作性、实用性，做出正确的决策。

(3) 桌面应急演练在实施过程中可以引入视频，对情景事件进行渲染，引导情景事件的发展，推动桌面应急演练顺利进行。

5. 应急演练的评估和总结

(1) 应急演练讲评。应急演练的讲评必须在应急演练结束后立即进行。应急演练组织者、控制人员和评估人员以及主要演练人员应参加讲评会。

评估人员对应急演练目标的实现情况、参演队伍及人员的表现、应急演练中暴露的主要问题等进行讲评，并出具评估报告。对于规模较小的应急演练，评估也可以采用口头点评的方式。

（2）应急演练总结。应急演练结束后，评估组汇总评估人员的评估总结，撰写评估总结报告，重点对应急演练组织实施中发现的问题和应急演练效果进行评估总结，也可对应急演练准备、策划等工作进行简要总结分析。

应急演练评估总结报告通常包括以下内容：

① 本次应急演练的背景信息；

② 对应急演练准备的评估；

③ 对应急演练策划与应急演练方案的评估；

④ 对应急演练组织、预警、应急响应、决策与指挥、处置与救援、应急演练效果的评估；

⑤ 对应急预案的改进建议；

⑥ 对应急救援技术、装备方面的改进建议；

⑦ 对应急管理人员、应急救援人员培训方面的建议。

三、事故应急处置

根据我国最新制定的有关法律和法规的要求，任何生产经营单位都应该制定《事故应急救援预案》，成立相应的应急救援组织，确定抢险救援人员、救生设备、运输车辆、医疗器械和救护医生，以便在事故发生后，马上启动救援系统。

救援组织应由单位领导挂帅，对于特大、重大和较大事故，一方面要积极组织抢救，一方面要及时向上级部门和当地人民政府报告，并取得政府主管部门和专业救援机构的指导和支持，以尽量减少人员伤亡和财产损失。

1. 事故现场的紧急处置原则

（1）遇到伤害事故发生时，不要惊慌失措，要保持镇静，并设法维持好现场的秩序。

（2）在周围环境不危及生命的条件下，一般不要随便搬动伤员。

(3) 暂不要给伤员喝任何饮料和进食。

(4) 如发生意外而现场无人时，应向周围大声呼救，请求来人帮助或设法联系有关部门，不要单独留下伤员而无人照管。

(5) 遇到严重事故、灾害或中毒时，除急救呼叫外，还应立即向当地政府安全生产主管部门及卫生、防疫、公安等有关部门报告，报告现场在什么地方、伤员有多少、伤情如何、做过什么处理等。

(6) 伤员较多时，根据伤情对伤员分类抢救，处理的原则是先重后轻、先急后缓、先近后远。

(7) 对呼吸困难、窒息和心跳停止的伤员，立即将伤员头部置于后仰位，托起下颌，使呼吸道畅通，同时施行人工呼吸、胸外心脏按压等复苏操作，原地抢救。

(8) 对伤情稳定、估计转运途中不会加重伤情的伤员，迅速组织人力，利用各种交通工具分别转运到附近的医疗机构急救。

(9) 现场抢救的一切行动必须服从有关领导的统一指挥，不可各自为政。

2. 事故刚发生时的应对

(1) 事故当事人如果在事故中没有受伤，应当立即使自己冷静，观察事故发生的源头和原因，关闭事故的起因物或导致事故进一步扩大的助力物（如煤气、毒气、电气和蒸气阀门或开关），用可能联系的方法，如拨打"120"急救电话或用其他发响或发光的、能使外界听到或看到的东西进行报告联系或呼救，同时呼喊在场人员向着安全方向（逆风、逆水和事故源相反的方向）逃生或避难。

在逃生或避难的过程中一定要沉着冷静，大量的事故抢救现场和事实证明，在事故中乱串乱跑往往是导致事故中人员进一步伤亡的重要原因。

(2) 事故当事人如果在事故中受了伤，应当立即想法自救（止血、通风和脱离危险地带或致害物）。如果难以自救，应呼喊或召示在场或有关人员给以救护。然后，用可能联系的方法（如电话、手机、发响或发光的，能使外界听到或看到的东西）进行报告联系或呼救。

（3）事故当事人如果在事故中受了伤，且伤势较重，甚至达到奄奄一息的地步，也应当想法自救（止血、通风和脱离危险地带或致害物），并且用可能联系的方法（如电话、手机、发响或发光的，能使外界听到或看到的东西）进行报告联系或呼救。万万不可放弃，等待死亡。因为外界人员正在千方百计进行营救和寻找或确定事故当事人所在的位置以及生存的信息等情况。

（4）作为专业的安全人员，在事故现场还应该必须做到：

① 在保证自身安全的情况下，通过直观感觉和经验等手段，仔细观察分析事故造成的各种异常变化和迹象，如温度、烟雾、风流状况、空气成分、涌水、支护等，分析判断事故的性质、原因及灾害的严重程度，能够准确地分析灾情，以便快速报告和为应急救援队伍到来提供可靠的施救信息或方法。

② 尽快关闭事故源或导致事故进一步扩大的助力物（如煤气、毒气、电气和蒸气阀门或开关）。

③ 分析事故的发生地点、对灾害可能波及的范围和危害程度作出判断。

④ 根据事故的地点、性质，结合现场布置、通风系统、人员分布，分析判断有无诱发和伴生其他灾害的可能性。

⑤ 了解、掌握自己所在的地点人员伤亡情况，判断现场有无进行抢救的手段和条件。

⑥ 分析判断自己所在地点的安全条件，为抢险救灾和安全避灾提供依据，做好准备。

⑦ 利用一切可利用的手段与外界进行联系，尽快取得外界的支持和救护。

⑧ 指挥、团结和带领事故现场人员进行有效的救护和避难。

3. 被围困时的避灾自救

因通道堵塞、有毒有害气体含量高、能见度低等原因，无法安全撤离灾区时，遇险人员应妥善进行避灾自救，并遵循以下行动准则：

（1）尽快选择安全的避难地点。

（2）应尽量保持良好的精神、心理状态和坚定的信念。

（3）加强避灾地点的安全防护。如发生火灾而被困在房间内，应立即将房间的自来水打开，将被子或衣服弄湿，堵住进入房间的烟气或火势。

（4）不断改善避难地点的生存条件和减少体力消耗。

（5）积极同救护人员取得联系。用电话、手机、发响或发光的，能使外界听到或看到的东西进行报告联系或呼救。

（6）积极配合救护人员，争取尽快安全脱险。

4．现场急救步骤

现场急救，就是应用急救知识和最简单的急救技术进行现场初级救生，最大限度上稳定伤病员的伤、病情，减少并发症，维持伤病员的最基本的生命体征。现场急救是否及时和正确，关系到伤病员生命和伤害的结果。

现场急救一般遵循下述四个步骤：

（1）当出现事故后，迅速将伤者脱离危险区，若是触电事故，必须先切断电源；若为机械设备事故，必须先停止机械设备运转。

（2）初步检查伤员，判断其神志、呼吸是否有问题，视情况采取有效的止血、防止休克、包扎伤口、固定、保存好断离的器官或组织、预防感染、止痛等措施。

（3）施救同时请人呼叫救护车，并继续施救到救护人员到达现场接替为止。

（4）迅速上报上级有关领导和部门，以便采取更有效的救护措施。

第五节 职业健康管理

职业健康安全管理体系是 20 世纪 80 年代后期兴起的现代安全生产管理模式，是继国际规范化组织推出质量管理体系和环境管理体系规范化之后，国际劳工组织又推出的一种管理规范化体系。

2001 年 12 月，原国家经贸委根据我国实际情况颁布了《职业安全健康管理体系指导意见》和《职业安全健康管理体系审核规范》。国家质量监督检验检疫总局根据我国开展职业健康安全管理体系工作的具体情况，颁布了《职业健康安全管理体系要求》国家标准，进一步规范了我国此项工作的开展。

一、职业健康安全管理体系的运行模式

职业健康安全管理体系是一套系统化、程序化，同时具有高度自我约束、自我完善机制的科学管理体系。在我国实施职业健康安全管理体系，不仅可以强化企业的安全管理，完善企业安全生产的自我约束机制和激励机制，达到保护职工安全与健康的目的，也有利于增强企业的凝聚力和竞争力。

职业健康安全管理体系是以著名的戴明管理思想为基础，即"戴明模型"或称为 PDCA 模型。一个组织的活动可分为"计划（PLAN）、行动（DO）、检查（CHECK）、改进（ACT）"四个相互联系的环节来实现，通过此种方式可有效改善组织的职业健康安全管理绩效。

1. 计划环节

计划环节是对管理体系的总体规划，包括：确定组织的方针、目标；配备必要资源，包括人力、物力资源等；建立组织机构，规定相应的职责、权限及其相互关系；识别管理体系运行的相关活动或过程，并规定活动或过程实施程序和作业方法等。

2. 行动环节

按照计划所规定的程序（如组织机构、程序和作业方法等）加以实施。实施过程与计划的符合性及实施的结果决定了用人单位能否达到预期目标，所以，保证所有活动在受控状态下进行是实施的关键。

3. 检查环节

检查环节是为了确保计划行动的有效实施，需要对计划实施效果进行检查衡量，并采取措施修正消除可能产生的行为偏差。

4. 改进环节

管理过程不可能是一个封闭的系统，需要随着管理的进程，针对管理活动实践中所发现的缺陷不足或根据变化的内外部条件，不断进行管理活动的调整、完善。

二、职业健康安全管理体系的要素

《职业健康安全管理体系要求》标准所规定的职业健康安全管理体系依据 PDCA 管理模式，提出了由职业安全健康方针、策划、实施与运行、检查和纠正措施、管理评审所组成的五大基本运行过程。

《职业健康安全管理体系要求》第 4 部分是该规范的核心内容，包括 18 个条款，除总要求外，其余 17 个条款构成了对职业健康安全管理体系的完整要求，通常也被称为 17 个职业健康安全管理体系要素，它们严格规范了各类组织建立、实施和保持职业健康安全管理体系应遵循的原则和要求。

《职业健康安全管理体系要求》要素如下：

（1）总要求。

① 组织应根据本标准的要求建立、实施、保持和持续改进职业健康安全管理体系，确定如何满足这些要求，并形成文件。

② 组织应界定其职业健康安全管理体系的范围，并形成文件。

（2）职业健康安全方针。最高管理者应确定和批准本组织的职业健康安全方针，并确保职业健康安全方针在界定的职业健康安

管理体系范围内:

① 适合于组织职业健康安全风险的性质和规模;

② 包括防止人身伤害与健康损害和持续改进职业健康安全管理与职业健康安全绩效的承诺;

③ 包括至少遵守与其职业健康安全危险源有关的适用法律法规要求及组织应遵守的其他要求的承诺;

④ 为制定和评审职业健康安全目标提供框架;

⑤ 形成文件、付诸实施,并予以保持;

⑥ 传达到所有在组织控制下工作的所有人员,旨在使其认识到各自的职业健康安全义务;

⑦ 可为相关方所获取;

⑧ 定期评审,以确保其与组织保持相关和适宜。

(3) 策划。策划是组织建立与运行职业健康安全管理体系的启动阶段,目的是对如何实现职业健康安全方针作出明确的规划。该阶段包括危险源辨识、风险评价和控制措施的确定,法律法规和其他要求,目标和方案三个要素。

(4) 实施与运行。实施与运行这一大要素的目的是开发实现组织的方针、目标和指标所需的能力和支持机制,以确保体系的有效运行和计划内容的有效实施。这一大要素主要包括资源、作用、职责、责任和权限,能力、培训和意识,沟通、参与和协商,文件,文件控制,运行控制,应急准备和响应七个要素。

(5) 检查。组织应通过检查这一基本过程来经常和定期的监督、测量和评价管理体系的运行情况,对发生偏离 OHS 方针、目标和指标的情况及时纠正,并防止事故、事件和不符合事项的再次发生。这一大要素包括绩效测量和监视,合规性评价,事件调查,不符合、纠正措施和预防措施,记录控制,内部审核五个要素。

(6) 管理评审。最高管理者应按计划的时间间隔,对组织的职业健康安全管理体系进行评审,以确保其持续适宜性、充分性和有效性。评审应包括评价改进的可能性和对职业健康安全管理体系进行修改的需求，包括对职业健康安全方针和职业健康安全目标的修改需求。应保存管理评审记录。

三、建立职业健康安全管理体系的步骤

不同的组织在建立、完善职业健康安全管理体系时，可根据自己的特点和具体情况，采取不同的步骤和方法。但总体来说，建立职业健康安全管理体系一般要经过下列基本步骤：

1. 前期准备

作为前期准备工作，包括最高管理者在内的全员培训，是建立和保持职业健康安全管理体系的基本保证，组织要针对不同的人员，组织不同形式的培训，为保证职业健康安全管理体系的顺利实施，组织应明确管理者代表，确定体系建立负责机构以及与体系有关的各单位的工作任务。

2. 初始状态评审

初始评审是建立职业健康安全管理体系的基础和关键环节。其主要目的是了解组织职业健康安全管理现状，为建立体系收集信息，确定职业健康安全绩效持续改进的依据。

3. 体系策划

包括制定职业健康安全方针、目标和管理方案；进行职能分析和机构确定；进行职能分配；确定职业健康安全管理体系文件结构和各层次文件清单等。

4. 文件编写

文化是职业健康安全管理体系的主要特点之一，对体系策划的结果形成适用的权威性的文件，是对各类组织风险有效控制和管理的保证。

5. 体系运行

通过体系运行，检验体系策划与设计及文件的充分性、有效性和适宜性，充分发现体系存在的问题，利用体系自我发现、自我纠正和自我完善的机制，使体系不断得到完善。

6. 监督和评审

及时发现职业健康安全管理体系运行过程中出现的问题，是体系不断完善和改进的重要手段，通过体系自身的各种监督，检查体系是否按计划运行，判定体系的有效性、适宜性和充分性。

7. 纠正和预防

为保证体系能够有效发挥作用，对检查中发现的问题必须采取纠正措施，以保证体系按计划实施。为防止类似的问题重复出现，还应制定相应的预防措施，并保证实施。

8. 持续改进和保持

"建立和保持"是职业健康安全管理体系的重要要求，体系能否持续有效和适用，保持是关键，体系保持是根据组织情况和外部环境的变化而动态适应的过程。

四、职业健康安全管理体系的审核

《职业健康安全管理体系要求》将审核定义为：为获得"审核证据"并对其进行客观的评价，以确定满足"审核准则"的程度所进行的系统的、独立的并形成文件的过程。根据其定义，审核由两个过程组成：第一是"获得审核证据"的过程。根据 ISO 9000 的定义，审核证据是指"与审核准则有关的能够证实的记录、事实陈述和其他信息"。这些证据，常见的记录包括运行中的各种记录，如：安全检查记录、组织执行相关法律法规的记录、方针和目标以及管理方案执行情况的记录、事故和职业病记录、应急记录、内部审核报告以及管理评审报告等。而"事实陈述"是指审核过程中有意义的访谈结果。"其他信息"则主要指现场审核时通过观察、获取和收集人员的不安全行为、物的不安全状态或环境的不安全条件。第二是对这些审核证据"进行客观的评价以确定满足审核准则的程度"的过程。常用的审核准则包括：审核标准，《职业健康安全管理体系要求》；相关的法律、法规、标准；组织的职业健康安全管理体系文件。审核分内部审核和外部审核。内部审核称为第一方审核；外部审核又分为第二方审核及第三方审核。

五、职业健康安全管理体系认证实施程序

职业健康安全管理体系认证是依据审核准则，由获得认可资格的认证机构，对受审核方的职业健康安全管理体系实施认证及认证评定，确认受审核方的职业健康安全管理体系的符合性及有效性，并颁发认证证书与标志的过程。

职业健康安全管理体系认证具有以下特征：认证的对象是组织的职业健康安全管理体系；认证的依据是职业健康安全管理体系规范；认证的方法是由认证机构派遣审核人员对组织的职业健康安全管理体系进行评定，提交审核报告，提出审核结论；获得认证的结果：组织通过认证机构的审核，最终取得认证机构的职业健康安全管理体系认证证书和认证标志，证书和标志将向外部相关方证明，该组织的职业健康安全管理体系符合职业健康安全管理体系规范的要求；认证的性质：职业健康安全管理体系认证是第三方从事的活动，第三方是独立于第一方（供方）和第二方（需方）之外的一方，与第一方和第二方既无行政的隶属关系，又无经济上的利害关系，强调职业健康安全管理体系认证要由第三方实施是为了确保认证活动的公正性。

六、职业健康安全管理体系审批发证后的监督管理

认证后监督包括监督审核和管理，对监督审核和管理过程发现的问题应及时处置，并在特殊情况下组织临时性监督审核。获证单位认证证书有效期为 3 年，有效期届满时，可通过复评，获得再次认证。

（1）监督审核。监督审核是指认证机构对获得认证的组织在证书有效期限内所进行的定期或不定期的审核。其目的是通过对获得证书单位的职业健康安全管理体系的验证，确保受审核方的职业健

康安全管理体系持续地符合《职业健康安全管理体系要求》、体系文件以及法律、法规和其他要求,确保持续有效地实现既定的职业健康安全方针和目标,并有效运行。

根据中国认证机构国家认可委员会的相关文件规定,认证机构对组织职业健康安全管理体系监督的频次和深度应视组织的具体情况决定,通常每年至少一次(对初次通过认证组织的首次监督评审应在获证后半年内进行)。监督审核分为例行(定期)监督审核和不定期监督审核。

(2)复评。获证单位在认证证书有效期届满时,应重新提出认证申请,认证机构受理后,重新对组织进行的审核称为复评。

为了使组织的职业健康安全管理体系持续满足《职业健康安全管理体系要求》的规定,且得到很好的实施和保持,认证机构应对组织职业健康安全管理体系定期进行复评,复评周期一般不超过3年。复评应在认证证书有效期终止前3个月进行,认证机构根据复评结果,作出是否换发证书的决定。

复习思考题

1. 安全生产标准化建设管理、建设工作制度及达标标准有哪些?
2. 现场安全管理的内容有哪些?
3. 灭火的基本方法有哪些?
4. 事故应急演练的基本内容是什么?
5. 建立职业健康安全管理体系的步骤有哪些?

第四章　常见生产安全事故防治

本章学习要点

◆ 熟练掌握电气安全事故防治知识
◆ 熟练掌握机械伤害事故防治知识
◆ 熟练掌握火灾爆炸事故防治知识
◆ 熟练掌握粉尘爆炸事故防治知识
◆ 熟练掌握有限空间事故防治知识
◆ 熟练掌握高处坠落事故防治知识

第一节　电气安全事故防治

电的使用越来越广泛，但电也会给人们的生产和生活带来危险，因此，应掌握电气安全技术，预防因电产生的危害。以下将介绍各类电气事故的防护技术。

一、触电事故基本知识

触电事故是由电流及其转换成的能量造成的事故。为了更好地预防触电事故，我们应该了解触电事故的种类、方式与规律。

1. 触电事故的分类

（1）电击。通常所说的触电指的是电击。电击是电流对人体内部组织的伤害，是最危险的一种伤害，绝大多数的触电死亡事故都是由电击造成的。

按照发生电击时电气设备的状态,电击分为直接接触电击和间接接触电击。前者是触击设备和线路正常运行时的带电体发生的电击,也称为正常状态下的电击;后者是触击正常状态下不带电,而当设备或线路故障时意外带电的带电体所发生的电击,也称为故障状态下的电击。

(2) 电伤。电伤是由电流的热效应、化学效应、机械效应等效应对人造成的伤害。电伤分为电弧烧伤、电流灼伤、皮肤金属化、电烙印、机械性损伤、电光眼等伤害。电弧烧伤是由弧光放电造成的烧伤,是最危险的电伤。电弧温度高达 8 000 ℃,可造成大面积、大深度的烧伤,甚至烧焦、烧毁四肢及其他部位。

2. 触电事故方式

按照人体触及带电体的方式和电流流过人体的途径,电击可分为单相触电、两相触电和跨步电压触电。

(1) 单相触电。当人体直接碰触带电设备其中的一相时,电流通过人体流入大地,这种触电现象称为单相触电。对于高压带电体,人体虽未直接接触,但由于超过了安全距离,高电压对人体放电,造成单相接地而引起的触电,也属于单相触电。

(2) 两相触电。人体同时接触带电设备或线路中的两相导体,或在高压系统中,人体同时接近不同相的两相带电导体,而发生电弧放电,电流从一相导体通过人体流入另一相导体,构成一个闭合回路,这种触电方式称为两相触电。发生两相触电时,作用于人体上的电压等于线电压,这种触电是最危险的。

(3) 跨步电压触电。当电气设备发生接地故障,接地电流通过接地体向大地流散,在地面上形成电位分布时,若人在接地短路点周围行走,其两脚之间的电位差,就是跨步电压。由跨步电压引起的人体触电,称为跨步电压触电。

二、直接接触电击预防技术

1. 绝缘

绝缘是用绝缘物把带电体封闭起来。电气设备的绝缘应符合其相应的电压等级、环境条件和使用条件；电气设备的绝缘不得受潮，表面不得有粉尘、纤维或其他污物，不得有裂纹或放电痕迹，表面光泽不得减退，不得有脆裂、破损，弹性不得消失，运行时不得有异味。绝缘的电气指标主要是绝缘电阻，用兆欧表测量。任何情况下绝缘电阻不得低于每伏工作电压 1 000 Ω，并应符合专业标准的规定。

2. 屏护

屏护是采用遮栏、护罩、护盖、箱闸等将带电体同外界隔绝开来。屏护装置应有足够的尺寸，应与带电体保证足够的安全距离：遮栏与低压裸导体的距离不应小于 0.8 m；网眼遮栏与裸导体之间的距离，低压设备不宜小于 0.15 m，10 kV 设备不宜小于 0.35 m。屏护装置应安装牢固。金属材料制成的屏护装置应可靠接地（或接零）。遮栏、栅栏应根据需要挂标示牌。遮栏出入口的门上应根据需要安装信号装置和连锁装置。

3. 间距

间距是将可能触及的带电体置于可能触及的范围之外。其安全作用与屏护的安全作用基本相同。带电体与地面之间、带电体与树木之间、带电体与其他设施和设备之间、带电体与带电体之间均需保持一定的安全距离。安全距离的大小决定于电压高低、设备类型、环境条件和安装方式等因素。架空线路的间距须考虑气温、风力、覆冰和环境条件的影响。

在低压操作中，人体及其所携带工具与带电体的距离不应小于 0.1 m。

三、间接接触电击预防技术

保护接地与保护接零是防止间接接触电击最基本的措施,正确掌握应用,对防止事故的发生十分重要。

1. IT 系统(保护接地)

IT 系统就是保护接地系统。IT 系统的字母 I 表示配电网不接地或经高阻抗接地,字母 T 表示电气设备外壳接地。所谓接地,就是将设备的某一部位经接地装置与大地紧密连接起来。保护接地的做法是将电气设备在故障情况下可能呈现危险电压的金属部位经接地线、接地体同大地紧密地连接起来。其安全原理是把故障电压限制在安全范围以内,以保证电气设备(包括变压器、电机和配电装置)在运行、维护和检修时,不因设备的绝缘损坏而导致人身伤害事故。

保护接地适用于各种不接地配电网。在这类配电网中,凡由于绝缘损坏或其他原因而可能呈现危险电压的金属部分,除另有规定外,均应接地。在 380 V 不接地低压系统中,一般要求保护接地电阻 RE≤4 Ω。当配电变压器或发电机的容量不超过 100 kV·A 时,要求 RE≤10 Ω。

2. TT 系统

我国绝大部分地面企业的低压配电网都采用星形接法的低压中性点直接接地的三相四线配电网。这种配电网能提供一组线电压和一组相电压。中性点的接地 RN 叫作工作接地,中性点引出的导线叫作中性线也叫作工作零线。TT 系统的第一个字母 T 表示配电网直接接地,第二个字母 T 表示电气设备外壳接地。

TT 系统的接地 RE 也能大幅度降低漏电设备上的故障电压,但一般不能降低到安全范围以内。因此,采用 TT 系统必须装设漏电保护装置或过电流保护装置,并优先采用前者。

TT 系统主要用于低压用户,即用于未装备配电变压器,从外面引进低压电源的小型用户。

3. TN 系统（保护接零）

TN 系统相当于传统的保护接零系统。一般地，典型的 TN 系统 PE 是保护零线，RS 叫作重复接地。TN 系统中的字母 N 表示电气设备在正常情况下不带电的金属部分与配电网中性点之间，亦即与保护零线之间紧密连接。保护接零的安全原理是当某相带电部分碰连设备外壳时，形成该相对零线的单相短路；短路电流促使线路上的短路保护元件迅速动作，从而把故障设备电源断开，消除电击危险。虽然保护接零也能降低漏电设备上的故障电压，但一般不能降低到安全范围以内。其第一位的安全作用是迅速切断电源。TN 系统分为 TN-S，TN-C-S，TN-C 三种类型。TN-S 系统的安全性能最好。有爆炸危险环境、火灾危险性大的环境及其他安全要求高的场所应采用 TN-S 系统；厂内低压配电的场所及民用楼房应采用 TN-C-S 系统。

四、其他电击预防技术

1. 双重绝缘和加强绝缘

双重绝缘指工作绝缘（基本绝缘）和保护绝缘（附加绝缘）。前者是带电体与不可触及的导体之间的绝缘，是保证设备正常工作和防止电击的基本绝缘；后者是不可触及的导体与可触及的导体之间的绝缘，是当工作绝缘损坏后用于防止电击的绝缘。加强绝缘是具有与上述双重绝缘相同水平的单一绝缘。具有双重绝缘的电气设备属于Ⅱ类设备。Ⅱ类设备的电源连接线应按加强绝缘设计。Ⅱ类设备在其明显部位应有"回"形标志。

2. 安全电压

安全电压是在一定条件下、一定时间内不危及生命安全的电压。具有安全电压的设备属于Ⅲ类设备。安全电压限值是在任何情况下，任意两导体之间都不得超过的电压值。我国标准规定工频安全电压有效值的限值为 50 V。我国规定工频有效值的额定值有 42 V、36 V、24 V、12 V 和 6 V。凡特别危险环境使用的携带式电动工具应采用

42 V安全电压；凡有电击危险环境使用的手持照明灯和局部照明灯应采用36 V或24 V安全电压；金属容器内、隧道内、水井内以及周围有大面积接地导体等工作地点狭窄、行动不便的环境应采用12 V安全电压；水上作业等特殊场所应采用6 V安全电压。

3. 电气隔离

电气隔离指工作回路与其他回路实现电气上的隔离。电气隔离是通过采用1∶1，即一次边、二次边电压相等的隔离变压器来实现的。电气隔离的安全实质是阻断二次边工作的人员单相触电时电流的通路。电气隔离的电源变压器必须是隔离变压器，二次边必须保持独立，应保证电源电压U≤500 V、线路长度L≤200 m。

4. 漏电保护（剩余电流保护）

漏电保护装置主要用于防止间接接触电击和直接接触电击。漏电保护装置也用于防止漏电火灾和监测一相接地故障。电流型漏电保护装置以漏电电流或触电电流为动作信号。动作信号经处理后带动执行元件动作，促使线路迅速分断。

电流型漏电保护装置的动作电流分为0.006、0.01、0.015、0.03、0.05、0.075、0.1、0.2、0.3、0.5、1、3、5、10、20 A共15个等级。其中，30 mA及30 mA以下的属高灵敏度，主要用于防止触电事故；30 mA以上、1 000 mA及1 000 mA以下的属中灵敏度，用于防止触电事故和漏电火灾；1 000 mA以上的属低灵敏度，用于防止漏电火灾和监视一相接地故障。为了避免误动作，保护装置的额定不动作电流不得低于额定动作电流的1/2。漏电保护装置的动作时间指动作时的最大分断时间。快速型和定时限型漏电保护装置的动作时间应符合国家标准的有关要求。

五、电气设备的安全使用

1. 安全使用条件

（1）手持电动工具按电气安全保护措施分Ⅰ类、Ⅱ类、Ⅲ类共三类。Ⅱ类、Ⅲ类没有保护接地或保护接零的要求，Ⅰ类必须采取保护接地或保护接零措施。

（2）使用Ⅰ类设备应配用绝缘手套、绝缘鞋、绝缘垫等安全用具。

（3）在一般场所，为保证使用的安全，应选用Ⅱ类工具，装设漏电护器、安全隔离变压器等。否则，使用者必须戴绝缘手套，穿绝缘鞋或站在绝缘垫上。

（4）在潮湿或金属构架等导电性能良好的作业场所，必须使用Ⅱ类或Ⅲ类设备。在锅炉内、金属容器内、管道内等狭窄的特别危险场所，应使用Ⅲ类设备。

（5）移动式电气设备的保护零线（或地线）不应单独敷设，而应当与电源线采取同样的防护措施，即采用带有保护芯线的橡皮套软线作为电源线。

（6）移动式电气设备的电源插座和插销应有专用的接零（地）插孔和插头。其结构应能保证插入时接零（地）插头在导电插头之前接通，拔出时接零（地）插头在导电插头之后拔出。

（7）专用电缆不得有破损或龟裂、中间不得有接头。电源线与设备之间的防止拉脱的紧固装置应保持完好。设备的软电缆及其插头不得任意接长、拆除或调换。

2. 使用安全要求

（1）辨认铭牌，检查工具或设备的性能是否与使用条件相适应。

（2）检查其防护罩、防护盖、手柄防护装置等有无损伤、变形或松动。

（3）检查开关是否失灵、是否破损、是否牢固、接线有无松动。

（4）电源线应采用橡皮绝缘软电缆；单相用三芯电缆、三相用四芯电缆；电缆不得有破损或龟裂，中间不得有接头。

（5）Ⅰ类设备应有良好的接零或接地措施，且保护导体应与工作零线分开；保护零线（或地线）应采用规定的多股软铜线，且保护零线（地线）最好与相线、工作零线在同一护套内。

3. 使用注意事项

工具外壳不能破裂，机械防护装置完善并固定可靠；插头、插座开关没有裂开；软电缆或软线没有破皮漏电之处；保护零线或地线固定牢靠，没有脱落；绝缘没有损坏等。

工具在接电源时，应由专业电工操作，并按工具的铭牌所标出的电压、相数去接电源。

长期搁置不用的工具，使用时应先检查转动部分是否转动灵活，后检查绝缘电阻。

工具在接通电源时，先进行验电，在确定外壳不带电时，应严格按操作规程和工具使用说明书操作，还应注意轻放，避免击打，防止损坏外壳或其他零件；移动时，应手握工具的机体，严禁拉电缆软线移动，以免擦破、割破和轧坏电缆软线；操作电钻、砂轮机工具时，不易用力过大，以防过载，使用过程中发现异常现象和故障时，应立即切断电源，将工具完全脱离电源之后，才能进行详细的检查。按要求佩戴护目镜、防护服、手套等防护用品。

工具的软电缆或软线不宜过长，电源开关应设在明显处，且周围无杂物，以方便操作。

第二节　机械伤害事故防治

机械在安全生产中发挥着重要的作用，随着生产的发展，机械在人们生活中越来越被广泛应用，机械在给人带来高效、快捷、方便的同时，也会带来各种危害。

一、机械伤害类型

（1）绞伤。直接绞伤手部。如外露的齿轮、皮带轮等直接将手指，甚至整个手部绞伤或绞掉；将操作者的衣袖、裤脚或者穿戴的个人防护用品如手套、围裙等绞进去，接着绞伤人，甚至可将人绞死；车床上的光杠、丝杠等将女工的长发绞进去。

（2）物体打击。旋转的零部件由于其本身强度不够或者固定不牢固，从而在转动时甩出去，将人击伤。如车床的卡盘，如果不用保险螺丝固住或者固定不牢，在打反车时就会飞出伤人。在可以进行旋转的零部件上，摆放未经固定的东西，从而在旋转时，由于离心力的作用，将东西甩出伤人。

（3）压伤。如冲床造成手冲压伤，锻锤造成的压伤，切板机造成的剪切伤等。

（4）砸伤。如高处的零部件或吊运的物体掉下来砸伤人。

（5）挤伤。如零部件在作直线运动时，将人身某部分挤住，造成伤害。

（6）烫伤。如刚切下来的切屑具有较高的温度，如果接触手、脚、脸部的皮肤，就会造成烫伤。

（7）刺割伤。如金属切屑都有锋利的边缘，像刀刃一样，接触到皮肤，就被割伤。最严重的是飞出的切屑打入眼睛，会造成眼睛伤害甚至失明。

二、机械伤害原因

1. 机械的不安全状态

防护、保险、信号装置缺乏或有缺陷，设备、设施、工具、附件有缺陷，个人防护用品、用具缺少或有缺陷，生产场地环境（包括照明、通风）不良或作业场所狭窄、杂乱，操作工序设计或配置不安全，交叉作业过多，地面有油、液体或其他易滑物，物品堆放过高、不稳。

2. 操作者的不安全行为

忽视安全、操作错误，包括未经许可开动、关停、移动机器，按错按钮，转错阀门、扳手、手柄的方向；拆除安全装置或调整错误造成安全装置失效；用手代替工具操作或用手拿工件进行机械加工；使用无安全装置的设备或工具；机械运转时加油、修理；攀坐不安全位置（如平台护栏、吊车吊钩等）；未使用各种个人防护用品、用具，进入必须使用个人防护用品、用具的作业场所；装束不安全（如操纵带有旋转零部件的设备时戴手套、穿高跟鞋、拖鞋进入车间等）；无意或为了排除故障而走近危险部位。

3. 管理上的因素

设计、制造、安装或维修上的缺陷或错误，领导对安全工作不重视，在组织管理方面存在缺陷，教育培训不够，操作者业务素质差，缺乏安全知识和自我保护能力。

三、机械设备的基本安全要求

机械设备的基本安全要求主要是：

（1）机械设备的布局要合理，应便于操作人员装卸工件、加工观察和清除杂物；同时也应便于维修人员的检查和维修。

（2）机械设备的零部件的强度、刚度应符合安全要求，安装应牢固，不得经常发生故障。

（3）机械设备根据有关安全要求，必须装设合理、可靠、不影响操作的安全装置。例如：

① 对于做旋转运动的零部件应装设防护罩或防护挡板、防护栏杆等安全防护装置，以防发生绞伤。

② 对于超压、超载、超温度、超时间、超行程等能发生危险事故的零部件，应装设保险装置，如超负荷限制器、行程限制器、安全阀、温度继电器、时间断电器等等，以便当危险情况发生时，由于保险装置的作用而排除险情，防止事故的发生。

③ 对于某些动作需要对人们进行警告或提醒注意时，应安设信号装置或警告牌等。如电铃、喇叭、蜂鸣器等声音信号，还有各种灯光信号、各种警告标识牌等都属于这类安全装置。

④ 对于某些动作顺序不能搞颠倒的零部件应装设联锁装置。即某一动作，必须在前一个动作完成之后，才能进行，否则就不可能动作。这样就保证了不致因动作顺序搞错而发生事故。

(4) 机械设备的电气装置必须符合电气安全的要求，主要有以下几点：

① 供电的导线必须正确安装，不得有任何破损或露铜的地方。

② 电机绝缘应良好，其接线板应有盖板防护，以防直接接触。

③ 开关、按钮等应完好无损，其带电部分不得裸露在外。

④ 应有良好的接地或接零装置，连接的导线要牢固，不得有断开的地方。

⑤ 局部照明灯应使用 36 V 的电压，禁止使用 110 V 或 220 V 电压。

(5) 机械设备的操纵手柄以及脚踏开关等应符合如下要求：

① 重要的手柄应有可靠的定位及锁紧装置。同轴手柄应有明显的长短差别。

② 手轮在机动时能与转轴脱开，以防随轴转动打伤人员。

③ 脚踏开关应有防护罩或藏入床身的凹入部分内，以免掉下的零部件落到开关上，启动机械设备而伤人。

(6) 机械设备的作业现场要有良好的环境，即照度要适宜，湿度与温度要适中，噪声和振动要小，零件、工夹具等要摆放整齐。因为这样能促使操作者心情舒畅、专心无误地工作。

(7) 每台机械设备应根据其性能、操作顺序等制定出安全操作规程和检查、润滑、维护等制度，以便操作者遵守。

四、机械设备操作人员要遵守的基本操作守则

要保证机械设备不发生工伤事故，不仅机械设备本身要符合安全要求，而且更重要的是要求操作者严格遵守安全操作规程。当然，机械设备的安全操作规程因其种类不同而内容各异，但其基本的安全守则为：

(1) 工作前要按规定正确穿戴好个人防护用品。要穿好紧身工作服，袖口束紧，长发要盘入工作帽内，操作旋转设备时不得戴手套。

（2）操作前要对机械设备进行安全检查，而且要空车运转一下，确认正常后，方可投入运行。

（3）机械设备在运行中也要按规定进行安全检查。特别是对紧固的物件看看是否由于振动而松动，以便重新紧固。

（4）设备严禁带故障运行，千万不能凑合使用，以防出事故。

（5）机械安全装置必须按规定正确使用，绝不能将其拆掉不使用。

（6）机械设备使用的刀具、工夹具以及加工的零件等一定要装卡牢固，不得松动。

（7）机械设备在运转时，严禁用手调整；也不得用手测量零件，或进行润滑、清扫杂物等。如必须进行时，则应首先关停机械设备。

（8）机械设备运转时，操作者不得离开工作岗位，以防发生问题时无人处置。

（9）工作结束后，应关闭开关，把刀具和工件从工作位置退出，并清理好工作场地，将零件、工夹具等摆放整齐，打扫好机械设备的卫生。

第三节　火灾爆炸事故防治

一、常见的火灾爆炸事故

火灾爆炸事故，由于行业的性质、引起事故的条件等因素不同，其类型也不相同。但常见的火灾爆炸事故，从直接原因来看，主要有以下几种：

（1）由吸烟引起的事故。

（2）在使用、运输、存储易燃易爆气体、液体、粉尘时引起的事故。

（3）使用明火引起的事故。

(4) 静电引起的事故。

(5) 由于电气设施使用、安装、管理不当而引起的事故。

(6) 物质自燃引起的事故。这方面常见的事故有煤堆的自燃，废油布等堆积引起的自燃等。

(7) 雷击引起的事故。

(8) 压力容器、锅炉等设备及其附件，如果带故障运行或管理不善时，都会发生事故。

二、防火防爆的原理与基本技术措施

1. 防火防爆原理

(1) 防火原理。引发火灾也就是燃烧的条件，即可燃物、助燃物（氧化剂）和点火源三者同时存在，并且相互作用。因此只要采取措施避免或消除燃烧三要素中的任何一个要素，就可以避免发生火灾事故。

(2) 防爆原理。引发爆炸的条件是爆炸品（内含还原剂和氧化剂）或可燃物（可燃气、蒸气或粉尘）与空气混合物和起爆能量同时存在、相互作用。因此只要采取措施避免爆炸品或爆炸混合物与起爆能量中的任何一方，就不会发生爆炸。

2. 防止产生燃烧的基本技术措施

(1) 消除着火源。可燃物（作为能源和原材料）以及氧化剂（空气）广泛存在于生产和生活中，因此，消除着火源是防火措施中最基本的措施。消除着火源的措施很多，如安装防爆灯具、禁止烟火、接地避雷、静电防护、隔离和控温、电气设备的安装应由电工安装维护保养、避免插座负荷过大等。

(2) 控制可燃物。消除燃烧三个基本条件中的任何一条，均能防止火灾的发生。如果采取消除燃烧条件中的两个条件，则更具安全可靠性。控制可燃物的措施主要有如下几方面：

① 以难燃或不燃材料代替可燃材料，如用水泥代替木材建筑房屋；或降低可燃物质（可燃气体、蒸气和粉尘）在空气中的浓度，

如在车间或库房采取全面通风或局部排风，使可燃物不易积聚，从而不会超过最高允许浓度。

② 防止可燃物的跑、冒、滴、漏，对那些相互作用能产生可燃气体的物品，加以隔离、分开存放等。保持工作场地整洁，避免积聚杂物、垃圾。

③ 易燃物的存放量和地点必须符合法规和标准，并要远离火源。

（3）隔绝空气。在必要时可以使生产置于真空条件下进行，或在设备容器中充装惰性介质保护，如在检修焊补（动火）燃料容器前，用惰性介质置换；隔绝空气储存，如钠存于煤油中，磷存于水中，二硫化碳用水封存放等。

（4）防止形成新的燃烧条件。设置阻火装置，如在乙炔发生器上设置水封回火防止器，一旦发生回火，可阻止火焰进入乙炔罐内，或阻止火焰在管道里的蔓延。在车间或仓库里筑防火墙或防火门，或在建筑物之间留防火间距，一旦发生火灾，不便形成新的燃烧条件，从而防止火灾范围扩大。

3. 防止爆炸的基本技术措施

（1）以爆炸危险性小的物质代替危险性大的物质。如果所用的材料都是难燃烧或不燃烧物质或所用的材料都是不容易爆炸的，则爆炸危险性也会大大减少。

（2）加强通风排气。对于可能产生爆炸混合物的场所，良好的通风可以降低可燃气体（蒸气）或粉尘的浓度；对于易燃易爆固体，储存或加工场所应配置良好的通风设施，使起爆能量不易积累；对于易燃易爆液体，良好的通风除降低其蒸气和空气混合物的浓度外，也可使起爆能量不易积累。

（3）隔离存放。对相互作用能发生燃烧或爆炸的物品应分开存放，相互之间离开一定的安全距离，或采用特定的隔离材料将它们隔离开来。

（4）采用密闭措施。对易燃易爆物质进行密闭存放可以防止这些物质与氧气的接触，并且还可以起到防止泄漏的作用。

（5）充装惰性介质保护。对闪点较低或一旦燃烧或爆炸会出现严重后果的物质在生产或贮存时应采取充装惰性介质的措施来保护，惰性介质可以起到冲淡混合浓度、隔绝空气的作用。

（6）隔绝空气。对于接触到空气就会发生燃烧或爆炸的物质，则必须采取措施，使之隔绝空气，可以放进与其不会发生反应的物质中，如储存于水、油等物质之中。

（7）安装监测报警装置。在易燃易爆的场所安装相应的监测装置，一旦出现异常就立即通过报警器报警或将信息传递到监测人员的监控器上，以便操作人员及时采取防范措施。

第四节 粉尘爆炸事故防治

一、生产性粉尘的来源和分类

（一）来源

生产性粉尘来源十分广泛，如固体物质的机械加工、粉碎；金属的研磨、切削；矿石的粉碎、筛分、配料或岩石的钻孔、爆破和破碎等；耐火材料、玻璃、水泥和陶瓷等工业中原料加工；皮毛、纺织物等原料处理；化学工业中固体原料加工处理，物质加热时产生的蒸气、有机物质的不完全燃烧所产生的烟尘。此外，粉末状物质在混合、过筛、包装和搬运等操作时产生的粉尘，以及沉积的粉尘二次扬尘等。

（二）分类

生产性粉尘分类方法有几种，根据生产性粉尘的性质可将其分为3类。

1. 无机性粉尘

无机性粉尘包括矿物性粉尘,如硅石、石棉、煤等;金属性粉尘,如铁、锡、铝等及其化合物;人工无机性粉尘,如水泥、金刚砂等。

2. 有机性粉尘

有机性粉尘包括植物性粉尘,如棉、麻、面粉、木材;动物性粉尘,如皮毛、丝、骨质粉尘;人工合成有机粉尘,如有机染料、农药、合成树脂、炸药和人造纤维等。

3. 混合性粉尘

混合性粉尘是上述各种粉尘的混合存在,一般包括两种以上的粉尘。生产环境中最常见的就是混合性粉尘。

二、生产性粉尘的理化性质

粉尘对人体的危害程度与其理化性质有关,与其生物学作用及防尘措施等也有密切关系。在卫生学上,常用的粉尘理化性质包括粉尘的化学成分、分散度、溶解度、密度、形状、硬度、荷电性和爆炸性等。

(一) 粉尘的化学成分

粉尘的化学成分、浓度和接触时间是直接决定粉尘对人体危害性质和严重程度的重要因素。根据粉尘化学性质不同,粉尘对人体可有致纤维化、中毒、致敏等作用,如游离二氧化硅粉尘的致纤维化作用。对于同一种粉尘,它的浓度越高,与其接触的时间越长,对人体危害越重。

(二) 分散度

粉尘的分散度是表示粉尘颗粒大小的一个概念,它与粉尘在空气中呈浮罩状态存在的持续时间(稳定程度)有密切关系。在生产环境中,由于通风、热源、机器转动以及人员走动等原因,使空气经常流动,从而使尘粒沉降变慢,延长其在空气中的浮游时间,被人吸入的机会就越多。直径小于 5 μm 的粉尘对机体的危害性较大,也易于达到呼吸器官的深部。

(三) 溶解度与密度

粉尘溶解度大小与对人危害程度的关系,因粉尘作用性质不同而异。主要呈化学毒副作用的粉尘,随溶解度的增加其危害作用增强;主要呈机械刺激作用的粉尘,随溶解度的增加其危害作用减弱。

粉尘颗粒密度的大小与其在空气中的稳定程度有关。尘粒大小相同,密度大者沉降速度快、稳定程度低。在通风除尘设计中,要考虑密度这一因素。

(四) 形状与硬度

粉尘颗粒的形状多种多样。质量相同的尘粒因形状不同,在沉降时所受阻力也不同,因此,粉尘的形状能影响其稳定程度。坚硬并外形尖锐的尘粒可能引起呼吸道黏膜机械损伤,如某些纤维状粉尘(如石棉纤维)。

(五) 荷电性

高分散度的尘粒通常带有电荷,与作业环境的湿度和温度有关。尘粒带有相异电荷时,可促进凝集、加速沉降。粉尘的这一性质对选择除尘设备有重要意义。荷电的尘粒在呼吸道可被阻留。

(六) 爆炸性

高分散度的煤炭、糖、面粉、硫磺、铝、锌等粉尘具有爆炸性。发生爆炸的条件是高温(火焰、火花、放电)和粉尘在空气中达到足够的浓度。可能发生爆炸的粉尘最小浓度为:各种煤尘为 30~40 g/m³,淀粉、铝及硫磺为 7 g/m³,糖为 10.3 g/m³。

三、生产性粉尘治理的技术措施

采用工程技术措施消除和降低粉尘危害,是治本的对策,是防止尘肺发生的根本措施。

(一) 改革工艺过程

通过改革工艺流程使生产过程机械化、密闭化、自动化，从而消除和降低粉尘危害。

(二) 湿式作业

湿式作业防尘的特点是防尘效果可靠，易于管理，投资较低。该方法已为厂矿广泛应用，如石粉厂的水磨石英和陶瓷厂、玻璃厂的原料水碾、湿法拌料、水力清砂、水爆清砂等。

(三) 密闭、抽风、除尘

对不能采取湿式作业的场所应采用该方法。干法生产（粉碎、拌料等）容易造成粉尘飞扬，可采取密闭、抽风、除尘的办法，但其基础是首先必须对生产过程进行改革，理顺生产流程，实现机械化生产。在手工生产、流程紊乱的情况下，该方法是无法奏效的。密闭、抽风、除尘系统可分为密闭设备、吸尘罩、通风管、除尘器等几个部分。

(四) 个体防护

当防、降尘措施难以使粉尘浓度降至国家标准水平以下时，应佩戴防尘护具。

另外，应加强对员工的教育培训、现场的安全检查以及对防尘的综合管理等。

第五节　有限空间事故防治

一、常见有限空间

（1）密闭设备：如船舱、贮罐、车载槽罐、反应塔（釜）、冷藏箱、压力容器、管道、烟道、锅炉等。

（2）地下有限空间：如地下管道、地下室、地下仓库、地下工程、暗沟、隧道、涵洞、地坑、废井、地窖、污水池（井）、沼气池、化粪池、下水道等。

（3）地上有限空间：如储藏室、酒糟池、发酵池、垃圾站、温室、冷库、粮仓、料仓等。

氧含量降至10％以下，可出现不同程度意识障碍，甚至死亡；氧含量降至6％以下，可发生猝死。

二、有限空间作业的危险特性

有限空间作业的危险特性主要有作业环境情况复杂、危险性大、发生事故后果严重和容易因盲目施救造成伤亡扩大。

（一）作业环境情况复杂

作业环境情况复杂主要体现在：

（1）有限空间狭小，通风不畅，不利于气体扩散。

① 生产、储存、使用危险化学品或因生化反应（蛋白质腐败）、呼吸作用等，产生有毒有害气体，容易积聚，一段时间后，会形成较高浓度的有毒有害气体。

② 有些有毒有害气体是无味的，易使作业人员放松警惕，引发中毒、窒息事故。

③ 有些毒气浓度高时对神经有麻痹作用（例如硫化氢），反而不能被嗅到。

（2）有限空间照明、通信不畅，给正常作业和应急救援带来困难。

此外，一些受限作业空间周围暗流的渗透或突然涌入、建筑物的坍塌或其它流动性固体（如泥沙等）的流动等，作业使用电器漏电，作业使用的机械，都会给有限空间作业人员带来潜在的危险。

（二）危险性大、事故后果严重

有限空间作业危险性大，易发生中毒、窒息事故，而且中毒、窒息往往发生在瞬间,有的有毒气体中毒后数分钟、甚至数秒钟就会致人死亡。

1. 中毒事故

(1) 硫化氢(H_2S)中毒。硫化氢中毒是有限空间作业中常见的一种中毒事故,硫化氢是一种强烈的神经毒物。当它的浓度在 0.4 mg/m³ 时,人能明显嗅到硫化氢的臭味;当在 70～150 mg/m³ 时,吸入数分钟即发生嗅觉疲劳而闻不到臭味,浓度越高嗅觉疲劳越快,越容易使人丧失警惕;超过 760 mg/m³ 时,短时间内即可发生肺水肿、支气管炎、肺炎,可能造成生命危险;超过 1 000 mg/m³,可致人发生电击样(像触电一样)死亡。

(2) 一氧化碳(CO)中毒。一氧化碳中毒也是有限空间常见的一种中毒事故。一氧化碳在血中易与血红蛋白结合(相对于氧气)而造成组织缺氧。轻度中毒者出现头痛、头晕、耳鸣、心悸、恶心、呕吐、无力,血液碳氧血红蛋白浓度可高于 10%;中度中毒者除上述症状外,还有皮肤黏膜呈樱红色、脉快、烦躁、步态不稳、浅至中度昏迷,血液碳氧血红蛋白浓度可高于 30%;重度患者深度昏迷、瞳孔缩小、肌张力增强、频繁抽搐、大小便失禁、休克、肺水肿、严重心肌损害等。

2. 窒息事故

引起人体组织处于缺氧状态的过程称为窒息。有限空间的特点决定了其内部的氧气浓度不同于其他作业场所。不同浓度的氧气对人体的影响见表 4-1。

表 4-1 不同浓度的氧气对人体的影响

浓度(V/V)	症状
19.5%～23.5%	正常氧气浓度
15%～19%	工作能力降低,感到费力
12%～14%	呼吸急促、脉搏加快,协调能力和感知判断力降低
10%～12%	呼吸减弱,嘴唇变青

续表 4-1

浓度（V/V）	症状
8%～10%	神智不清、昏厥、面色土灰、恶心和呕吐
6%～8%	在其中，≥8 分钟：100%死亡 6 分钟：50%可能死亡 4～5 分钟：可能恢复
4%～6%	40 秒后昏迷、抽搐、呼吸停止，死亡

（三）盲目施救造成伤亡扩大

一家知名跨国化工公司曾做过统计，有限空间作业事故中死亡人员有 50%是救援人员，因为施救不当造成伤亡扩大。造成伤亡扩大的原因有很多，常见的因素有：

（1）有限空间作业单位和作业人员安全意识差、安全知识不足。

（2）没有制定有限空间安全作业制度或制度不完善、不严格执行安全措施和监护措施不到位、不落实。

（3）实施有限空间作业前未做危害辨识，未制订有针对性的应急处置预案，缺少必要的安全设施和应急救援器材、装备，或是虽然制订了应急救援预案但未进行培训和演练，作业和监护人员缺乏基本的应急常识和自救互救能力，导致事故状态下不能实施科学有效救援，使伤亡进一步扩大。

三、有限空间作业常见安全事故

1. 中毒、窒息事故

受限空间内产生或积聚的一定浓度的有毒气体被作业人员吸入后会引起人体中毒事故，常见的有毒气体有氯气、光气、硫化氢、氨气、氮氧化物、氟化氢、氰化氢、二氧化硫、煤气（主要有毒成分为一氧化碳）、甲醛气体等。

人体组织处于缺氧状态，会引起窒息。有限空间可导致窒息的气体包括氮气、二氧化碳、甲烷、乙烷、水蒸气等。

2. 爆炸、火灾事故

有限空间发生爆炸、火灾，往往瞬间或很快耗尽受限空间的氧气，并产生大量的有毒有害气体，造成严重后果。

3. 淹溺事故

有限空间内有积水、积液，或因作业位置附近的暗流或其它液体渗透或突然涌入，导致作业空间内液体水平面升高，引起正在受限空间内作业的人员淹溺。

4. 坍塌掩埋事故

有限空间作业位置附近建筑物的坍塌或其它流动性固体（如泥沙等）的流动，容易引起作业人员被掩埋。

四、有限空间作业安全的一般要求

针对有限空间作业的危险特性，为了减少事故的发生次数和预防事故伤亡的扩大，进行有限空间作业时应遵守下列要求：

（一）作业前

（1）对有限空间作业应做到"先检测后监护再进入"的原则。在作业环境条件可能发生变化时，应对作业场所中危害因素进行持续或定时检测；作业人员工作面发生变化时，视为进入新的有限空间，应重新检测后再进入。

实施检测时，检测人员应处于安全环境，检测时要做好检测记录，包括检测时间、地点、气体种类和检测浓度等。

（2）对有限空间作业应确认无许可和许可性识别。

（3）先检测确认有限空间内有害物质浓度，未经许可的人员不得进入有限空间。

（4）分析合格后编制施工方案，再办理《进入有限空间危险作业审批表》，施工作业中涉及到其他危险作业时应办理相关审批手续，《进入有限空间危险作业审批表》格式见表4-2。

表 4-2　进入有限空间危险作业审批表

编号					作业单位		
所属单位					设施名称		
主要危险因素							
作业内容						填报人员	
作业人员						监护人员	
采样分析数据	检测项目	氧含量	可燃气体浓度	有毒有害气体或粉尘浓度		检测人员	
	检测结果					检测时间	
作业开工时间	年　　月　　日　　时分						

序号	主要安全措施	确认安全措施符合要求（签名）		
		作业监护人员	施工负责人	作业单位安全员
1	作业人员作业安全教育			
2	连续测定的仪器和人员			
3	测定用仪器准确可靠性			
4	呼吸器、梯子、绳缆等抢救器具			
5	通风排气情况			
6	氧气浓度、有害气体检测结果			
7	照明设施			
8	个人防护用品及防毒用具			
9	通风设备			
10	其它补充措施：			

续表 4-2

施工负责人意见：	安全部门负责人意见：
签名： 时间：	签名： 时间：
作业完工确认人和完工时间	现场完工负责人签名： 　　年　　月　　日　　时分

注：1. 本表一式四份：监护人员、施工负责人、申请单位、安全管理部门各执一份，及时消除警戒。

2. 该审批表是进入有限空间作业的依据，不得涂改且要求安全管理部门存档时间至少一年。

（5）作业前 30 min，应再次对有限空间有害物质浓度采样，分析合格后方可进入有限空间。

（6）应选用合格、有效的气体和测爆仪等检测设备。

（7）对由于防爆、防氧化不能采用通风换气措施或受作业环境限制不易充分通风换气的场所，作业人员必须配备并使用空气呼吸器或软管面具等隔离式呼吸保护器具。严禁使用过滤式面具。

（8）检测人员应装备准确可靠的分析仪器，按照规定的检测程序，针对作业危害因素制定检测方案和检测应急措施。

（9）建立健全通讯系统，保证作业人员能与监护人进行有效的安全、报警、撤离等双向信息交流。

（10）配备齐全的应急救援装备。如全面罩正压式空气呼吸器或长管面具等隔离式呼吸保护器具、应急通讯报警器材、安全绳、救生索和安全梯等。

（二）作业中

（1）所有有关人员均应遵守有限空间作业的职责和安全操作规

程，正确使用有限空间作业安全设施与个人防护用品。

（2）加强通风。尽量利用所有人孔、手孔、料孔、风门、烟门进行自然通风为主，必要时应采取机械强制通风。

机械通风可设置岗位局部排风，辅以全面排风。当操作岗位不固定时，则可采用移动式局部排风或全面排风。

（3）存在可燃性气体的作业场所，所有的电气设备设施及照明应符合《爆炸性环境 第1部分：设备 通用要求》（GB 3836.1）中的有关规定。不允许使用明火照明和非防爆设备。

（4）机械设备的运动、活动部件都应采用封闭式屏蔽，各种传动装置应设置防护装置，且机械设备上的局部照明均应使用安全电压。

（5）有限空间的坑、井、洼、沟或人孔、通道出入门口应设置防护栏、盖和警告标志，夜间应设警示红灯。

（6）当作业人员在与输送管道连接的封闭、半封闭设备（如油罐、反应塔、储罐、锅炉等）内部作业时，应严密关闭阀门，装好盲板，设置"禁止启动"等警告信息。

（7）当工作面的作业人员意识到身体出现异常症状时，应及时向监护者报告或自行撤离有限空间，不得强行作业。

（8）一旦发生事故，应查明原因，立即采取有效、正确的措施进行急救，并应防止因施救不当造成事故扩大。

（三）作业后

（1）清理现场。

（2）事故报告。有限空间发生事故后，应按关规定向所在区县政府、安全生产监督管理部门和相关行业监管部门报告。

此外，在有限空间内作业时，还应该进行作业配合。作业配合是指确保作业活动中的危害不会影响到邻近的从事其他作业人员的安全与健康。比如，某位人员在有限空间内从事焊接操作焊接过程中产生的烟雾如果未能在源头进行有效控制，就有可能成为旁边的或邻近作业人员的一个危害。

在实际安排作业活动时，应提前进行规划，以避免作业过程中的交叉作业所造成的危害。在工作过程中，对工作区域进行警戒，如树立警戒栏、限制作业时间、确保人员及邻近作业人员之间的随时沟通可能帮助预防一些常见的意外。

五、有限空间作业个人防护用品

在地下污水渠、化粪池、沼气池、废置井等密闭空间作业或进行应急救援的人员，除了要进行呼吸器官的防护，防范有毒、有害气体外，也应该穿戴覆盖全身的防护服；为防范淹溺，必须穿着救生衣；应配戴必要的安全鞋、工作服、手套，以保护作业人员的躯体、手、足部的安全；下井、罐作业前，应配戴安全带、安全绳。

六、有限空间作业安全事故伤员急救

1. 中毒急救

（1）由呼吸道中毒时，应迅速离开现场，到新鲜空气流通的地方。

（2）经口服中毒者，立即洗胃，并用催吐剂促其将毒物排出。

（3）经皮肤吸中毒者，必须用大量清洁自来水洗涤。

（4）眼、耳、鼻、咽喉黏膜损害，引起各种刺激症状者，须视情况轻重，先用清水冲洗，然后由专科医生处理。

2. 缺氧窒息急救

（1）迅速撤离现场，将窒息者移到有新鲜空气的通风处。

（2）视情况对窒息者输氧，或进行人工呼吸等，必要时严重者速交医生处理（打120电话）。

（3）佩戴呼吸器者，一旦感到呼吸不适时，迅速撤离现场，呼吸新鲜空气，同时检查呼吸器问题及时更换合格呼吸器。

第六节 高处坠落事故防治

一、高处作业及登高架设作业的定义与种类

(一) 高处作业的定义及种类

定义：凡在坠落高度基准面 2 m 以上（含 2 m）有可能坠落的高处进行的作业，均称为高处作业。

基准面：指由高处坠落达到的底面。底面可能高低不平，所以对基准面的规定是最低坠落着落点的水平面。

最低坠落着落点：在作业位置可能坠落到的最低点。如果处在四周封闭状态，那么即使在高空，例如在高层建筑的居室内作业，也不能称为高处作业。

高处作业高度：作业区各作业位置至相应坠落高度基准面之间的垂直距离中的最大值。

1. 高处作业的级别

(1) 一级高处作业：作业高度在 2～5 m 时。

(2) 二级高处作业：作业高度在 5 m 以上至 15 m 时。

(3) 三级高处作业：作业高度在 15 m 以上至 30 m 时。

(4) 特级高处作业：作业高度在 30 m 以上时。

2. 高处作业的种类

高处作业的种类分为一般高处作业和特殊高处作业两种。特殊高处作业包括以下类别：

(1) 强风高处作业：在阵风六级（风速 10.8 m/s）以上的情况下进行的高处作业。

(2) 异温高处作业：在高温或低温环境下进行的高处作业。

(3) 雪天高处作业：降雪时进行的高处作业。

（4）雨天高处作业：降雨时进行的高处作业。

（5）夜间高处作业：室外完全采用人工照明时进行的高处作业。

（6）带电高处作业：在接近或接触带电体条件下进行的高处作业。

（7）悬空高处作业：在无立足点或无牢靠立足的条件下进行的高处作业。

（8）抢救高处作业：对突然发生的各种灾害事故进行抢救的高处作业。

3. 标记

高处作业的分级以级别、类别和种类进行标记。

一般高处作业标记时，写明级别种类。特殊高处作业标记时，写明级别和种类，种类也可省略不写。

例：一级，强风高处作业。

二级，异温、悬空高处作业。

三级，一般高处作业。

4. 坠落半径

人、物体由高处坠落时，因高度不同其可能坠落范围半径也不同。

不同高度 h 其坠落半径 R 分别为：

当高度 h 为 2～5 m 时，坠落半径 R 为 2 m；

当高度 h 为 5 m 以上至 15 m 时，坠落半径 R 为 3 m；

当高度 h 为 15 m 以上至 30 m 时，坠落半径 R 为 4 m；

当高度 h 为 30 m 以上时，坠落半径 R 为 5 m。

（二）登高架设作业的定义及种类

1. 登高架设作业的定义

登高架设是指搭设钢管或竹、木杆件构成的施工作业操作架子。在我国，不同地区、不同企业对架子工划定的操作范围是有区别的。随着施工机械化，建筑、安装维修等登高架设的材料、设备、工艺要求等，都在变化和进步。架子工完全靠手工作业的状况也在不断改善和变化。架子工不仅应该熟练掌握扣件式钢管脚手架、竹或木脚手架的搭设工艺和高空作业安全技术规定,而且,对自制的、定型的、专用的其他架设工具,也应有所了解,能够正确、安全地使用,如果要单独承担搭设作业或操作使用,必须先接受相应的工艺和安全技术方面的培训和考核,做到持证上岗。

总之,架子工从事的登高架设或拆除作业,是高处作业的一种,主要通过攀登与悬空作业方式完成搭设或拆除登高脚手架。所以,架子工的作业有极大的危险性,不仅要保证自身的作业安全,还必须保证使用脚手架进行操作的其他工种人员以及施工现场场地周围人员的安全。

2. 登高架设的种类

登高脚手架按不同用途、位置部位与状态、杆配件材料和连接方法等划分类别。

(1) 按脚手架的用途划分,可分为四类:

① 用于结构施工作业面搭设的脚手架,称为结构脚手架,俗称"砌筑脚手架"。结构工程完成后,可用于装修施工作业,一般要承受较大荷载。

② 用于装修施工作业而搭设的脚手架,称为装修脚手架。拆除工程、荷载较小的设备安装工程使用的,一般也属此类脚手架。

③ 为支撑模板及其荷载或其他承重要求搭设的脚手架,称为支撑和承重脚手架。实际施工中,支撑模板脚手架常常由木工或混凝土工完成,以保障使用时的工艺要求。

④ 高压线、通道等旁边搭设的,起安全保护作用的脚手架,称为防护脚手架。

(2) 按脚手架设置部位划分,可分为两类:

① 搭设在建构物外围的脚手架,称为外脚手架。外脚手架是房屋建筑中结构施工和外部装修与安装时使用的主要脚手架。外脚手架的用途非常广泛,而且,一般是悬空攀登操作,危险性很大,搭设时必须特别注意安全。

② 搭设在建构物内部的脚手架，称为内脚手架。内脚手架主要用于室内装修、安装设备等，例如，棚顶装修用的满堂脚手架。随着科学技术的进步，新颖、简易、活动的登高用具大量出现，室内脚手架的搭设也在逐步减少。

（3）按脚手架的设置状态划分，可分为五类：

① 落地式脚手架：这种脚手架是从地面、楼面、平屋面或其他一定面积的结构物表面为搭设支撑面。脚手架荷载通过立杆传给相应的支撑面。落地式脚手架有单排架、双排架、三排架、满堂架等。这是最为常见的登高脚手架。

② 悬挑式脚手架：从建筑物内伸出的或固定与工程结构外侧的悬挑型钢或悬挑架上搭设起来的脚手架。脚手架荷载通过悬挑梁（结构）传给工程结构承受。这种脚手架一般用于高层建筑施工或局部维修施工作业。

③ 附着式脚手架：指不落地的支托于建筑物（或构筑物）的屋顶或墙面上的脚手架。附着式脚手架有挂脚手架、吊篮、附着式升降脚手架等形式。这种脚手架是装配而成的，架设高度大，构成的操作过程是装配锚合，与采用钢管、竹或木杆搭设脚手架工艺有明显区别。

④ 桥式脚手架：由桥式工作台及两端支柱构成的脚手架，是装配或施工脚手架。这种脚手架广泛用于多层建筑，也适用于14层以下的高层建筑，可作为结构砌筑施工和装修安装作业的脚手架。

⑤ 移动式脚手架：用扣件钢管搭成或型钢装配而成，底部带移动装置的平台架。这种脚手架用于室内装饰、局部处理的装修安装工程施工。

（4）按脚手架杆配件材料和连接方式划分，可分为六类：

① 木脚手架；

② 竹脚手架；

③ 扣件式钢管脚手架；

④ 碗扣式钢管脚手架；

⑤ 型钢式脚手架；

⑥ 连接式脚手架。

二、高处坠落和物体打击的预防

(一) 脚手架坠落事故的原因

登高脚手架在搭设和拆除过程中，架子工是主要坠落对象。脚手架完成交付使用之后，高处坠落主要发生在相关作业人员之中。常见的坠落类型如下：

1. 身体失稳坠落

架子工搭设拆除脚手架时，一般在狭窄、光滑的横杆上站立、行走、在两杆之间跳动进行操作，如果操作不熟练，掌握不住身体平衡，手的抓握不准或不牢固，以及持重在横杆上移动等，都会发生因身体失去平衡跌倒或脚底滑动后坠落。

2. 架子失稳坠落

一种是在未作基础处理的地面上或者是悬挑支架设置不牢固，搭设脚手架时，立杆的垂直度得不到保证，操作人员在架子上的作业会使架子发生晃动，如果没有按规定做好必要的临时支撑和拉结，就会发生脚手架倾斜倒塌、人员坠落事故。另一种是违章在架体上搭设挑排，造成"上大下小""头重脚轻"，使脚手架重心失衡，发生倒塌伤人事故。

3. 杆件脱开坠落

各杆件之间的绑扎不紧或扣件未紧固，作业人员站立到横杆上或脚手片上后，绑扎的篾条或扣件下滑，或者架子散开，导致作业人员坠落。

4. 维护残缺坠落

没有按规定设置防护栏杆、踢脚杆和挂安全网、架层间作业脚手片和防护脚手片少铺、间隙过大、不平、不稳、有探头、固定不牢等；脚手架距墙面大于 200 mm，未铺设防护脚手片等。作业人员一旦行为失误或操作失误，就会因无防护或防护不到位而坠落。

5. 操作失误坠落

搭拆架子时用力过猛，身体失去平衡或两人操作配合不默契，突然失手等；在架子作业层上操作的人员，拉车倒退踩空、被构件拉钩失稳、接收吊运材料被碰撞等，都会造成坠落事故。

6. 违章操作坠落

在脚手架上睡觉、打闹、攀登杆件上下、跳跃；搭设凌空状态时不用安全带；饮酒后作业；未扎紧裤腿口、袖口；在不宜作业的大风、雨雪天上架子操作；在石棉瓦等易碎轻型屋面、棚顶上踩踏等，都属于违章操作，可能会造成坠落事故。

7. 架子塌垮坠落

这种倒塌造成群死群伤，损失特别巨大，主要原因有：脚手架上荷载严重超出允许承载值，或荷载过于集中，引起扣件断裂或绑扎崩裂；任意撤去或减少连墙拉结、抛撑、缆风绳等；支撑地面沉陷，脚手架倾斜失稳；悬挑式脚手架没有进行分段卸荷；不同性质的支架连在一起；起重机的吊臂挂、碰脚手架；车辆碰撞脚手架等。

8. "口""边"失足坠落

施工现场的预留孔口、电梯井口、通道口、楼梯口、上料口、框架楼层周边、层面周边、阳台周边等没有设置围栏或加盖板以及警示标志，操作人员因滑、碰、用力过猛等踩空坠落。

9. 梯上作业坠落

梯子是一种常用扶助登高攀登或直接作为登高作业的工具。如果梯子依靠不稳、斜度过大，或者梯脚无防滑措施，或垫高物倒塌都会造成梯子倾倒而人员坠落。另外，使用缺档梯子，或者负荷过重使梯档断裂，人字梯中间没有用绳子拉牢，也会造成坠落事故。

(二) 物体打击事故的原因

物体打击事故是脚手架施工中常见的多发性事故，不仅会伤害架子工和现场其他施工人员，而且还可以危害行人等非施工人员，主要有：

1. 失手坠落打击伤害

架子工在攀登或搭、拆操作时，扳手、钢丝钳等手用工具失手后坠落或在工具袋中滑脱坠下击伤他人。其他作业人员失手伤人，如泥工砌筑时砍砖头，断砖坠落；木工手中的榔头等工具不慎掉下，击伤他人。

2. 堆放不稳坠落伤人

脚手架上防护不严或没有防护措施，堆放的砖头、模板、钢材等材料不平稳或没有垫平，被人碰倒或搬动时坠落下去，击伤他人。

3. 违章抛投物料伤人

有的作业人员图快，不按规定向下顺递或吊下，将高处拆下的钢管、扣件、脚手片或者模板、多余砖头、垃圾等物，从高处向下抛投，结果发生直接击中他人或被抛下物反弹间接伤人事故。

4. 吊运物体坠落伤人

使用起重机吊运物体时，没有捆紧，或者大、小物体夹杂，或者起重操作不规范等，造成物体散落击伤他人。

从上面列举的脚手架上坠落事故和物体打击事故中可以看到，脚手架预防必须从准备工作开始，贯穿于搭设、使用和拆除的全过程。脚手架的施工方案设计者，脚手架的搭设与拆除的作业人员，安全检查验收人员，以及所有使用脚手架的人员都应承担保证脚手架安全的责任，但作业的架子工是关键责任人。有关预防措施将在各有关章节中叙述。

（三）预防坠落打击的安全技术

建筑施工过程中，施工人员在不同的部位、不同的高度、不同的工序同时作业，称交叉作业。

交叉作业人员应注意尽量不在同一垂直方向上操作，使上部与下部作业人员的位置错开，使下部作业人员的位置处于上部落物的坠落半径范围以外。当不能满足要求时，应设置隔离层，隔离层的防穿透能力，不应小于安全平网的防护能力。

在拆除模板、脚手架等作业时，其下方不得有其他作业人员，防止落物伤人。拆下的模板、支撑等堆放时，也不能过于靠近临边，应留出不小于 1 m 的安全距离，码放高度也不能超过 1 m。

当建筑结构层施工到二层及二层以上时，必须架设安全网防护。楼层继续升高时，每隔四层设一道固定平网（或用立网封闭），作为对交叉作业人员的安全防护。

通道口、出入口的上部应搭设防护棚（护头棚），防护棚顶部应用 50 mm 厚木板或相当于 50 mm 厚木板强度的其他材料。防护棚的尺寸，应视建筑物防护的高度而定，大小不小于坠落半径。

三、基本规定

（1）施工单位在制定施工方案时，必须将预防高处坠落列为安全技术措施的重要内容。安全技术措施实施后，由工地技术负责人组织有关人员进行验收，凡不符合要求的，待修整合格后方可投入使用。

（2）凡经医生诊断患有高血压、心脏病、严重贫血、癫痫病以及其他不宜从事高处作业的病症的人员，不得从事高处作业。高处作业人员应每年进行一次体检。

（3）高处作业人员必须经过三级安全教育，经安全技术培训和考核，取得《特种作业操作证》后，方准上岗操作。

（4）高处作业人员必须按规定穿戴合格的防护用品，禁止赤脚、穿拖鞋或硬底鞋作业。使用安全带时，必须系挂在作业上部的牢靠处。

（5）高处作业人员应从规定的通道上下，不得攀爬井架、龙门架、脚手架，更不能乘坐非载人的垂直运输设备上下。

（6）禁止在防护栏杆、平台和孔洞边缘坐、靠，不得躺在脚手架上或在脚手架下方休息。

（7）禁止站在阳台栏杆、钢筋骨架、模板及支撑上操作。禁止在作业时，沿屋架上弦、檩条以及未固定的构件上行走和作业。

（8）在外墙高处进行安装玻璃及油漆等装饰工作时，应搭设防护设施或系好安全带。

(9) 超过六级以上强风或暴雨浓雾等恶劣天气时,应停止露天高处作业。

(10) 夜间及光线不足高处作业时,应针对作业环境条件设置照明,使作业人员工作范围内视线清楚。

四、高处作业安全标志

高处作业安全标志在保证高处作业安全中起着举足轻重的作用,适当地悬挂合适的安全标志,可以使作业人员增强安全意识,对预防高处作业中可能发生的安全事故起到积极的作用。

安全标志由安全色、几何图形和图形符号构成,有时附以简短的文字警告说明,以表示特定安全信息为目的,有规定的使用范围、颜色和形式。安全标志的设置与使用必须遵照《安全标志及其使用导则》(GB 2894—2008)的规定。

(一) 安全色

安全色是传递安全信息含义的颜色,包括红、蓝、黄、绿四种颜色。安全标志中还会使用对比色,目的是使安全色更加醒目。

(1) 安全色规定为红、蓝、黄、绿4种颜色。

① 红色表示禁止、停止、消防和危险的意思。禁止、停止和有危险的器件设备或环境涂以红色的标记。如禁止标志、交通禁令标志、消防设备、停止按钮和停车、刹车装置的操纵把手、仪表刻度盘上的极限位置刻度、机器转动部件的裸露部分、液化石油气槽车的条带及文字,危险信号旗等。

② 黄色表示注意、警告的意思。需警告人们注意的器件、设备或环境涂以黄色标记。如警告标志、交通警告标志、道路交通路面标志、皮带轮及其防护罩的内壁、砂轮机罩的内壁、楼梯的第一级和最后一级的踏步前沿、防护栏杆及警告信号旗等。

③ 蓝色表示指令、必须遵守的规定。如指令标志、交通指示标

志等。

④ 绿色表示通行、安全和提供信息的意思。可以通行或安全情况涂以绿色标记，如表示通行、机器启动按钮、安全信号旗、提示标志、安全通道等。

（2）对比色为黑、白两种颜色。如安全色需要使用对比色时，则红色的对比色为白色，蓝色的对比色为白色，黄色的对比色为黑色，绿色的对比色为白色。

（3）红色和白色、黄色和黑色的间隔条纹，是两种较醒目的标志。

① 红色和白色间隔条纹：表示禁止越过，如道路和禁止跨越的临边防护栏杆等。

② 黄色和黑色间隔条纹：表示警告危险，如防护栏杆、吊车吊钩的滑轮架等。

(二) 常用安全标志

安全标志分为禁止标志、警告标志、指令标志和提示标志四大类型。

（1）禁止标志：表示不准或制止人们的某种行动。常用的禁止标志见图 4-1。

（2）警告标志：使人们注意可能发生的危险。常用的警告标志见图 4-2。参见《安全标志及其使用导则》(GB 2894—2008)。

（3）指令标志：表示必须遵守，用来强制或限制人们的行为。常用的指令标志见图 4-3。参见《安全标志及其使用导则》(GB 2894—2008)。

（4）提示标志：示意地点或方向。常用的提示标志见图 4-4。参见《安全标志及其使用导则》(GB 2894—2008)。

 禁止吸烟
 禁止烟火
 禁止带火种
 禁止用水灭火

 禁止放易燃物
 禁止启动
 禁止合闸
 禁止转动

 禁止触摸
 禁止跨越
 禁止攀登
 禁止跳下

 禁止入内
 禁止停留
 禁止通行
 禁止靠近

 禁止乘人
 禁止堆放
 禁止抛物
 禁止戴手套

 禁止穿化纤服装
 禁止穿带钉鞋
 禁止饮用

图 4-1　常用的禁止标志

第四章 常见生产安全事故防治

 注意安全
 当心火灾
 当心爆炸
 当心腐蚀

 当心中毒
 当心感染
 当心触电
 当心电缆

 当心机械伤人
 当心伤手
 当心扎脚
 当心吊物

 当心坠落
 当心落物

 当心坑洞　　当心烫伤

 当心弧光
 当心塌方
 当心冒顶
 当心高温表面

 当心电离辐射
 当心裂变物质
 当心激光
 当心微波

 当心车辆
 当心火车
 当心滑倒
 当心缝隙

图 4-2 常用的警告标志

图 4-3　常用的指令标志

图 4-4　常用的提示标志

（三）使用安全标志的要求

（1）标志牌应设在与安全有关的醒目地方，并使大家看见后，有足够的时间来注意它所表示的内容；环境信息标志宜设在有关场所的入口处和醒目处；局部信息标志应设在所涉及的相应危险地点或设备（部件）附近的醒目处。

（2）标志牌不应设在门、窗、架等可移动的物体上，以免这些物体位置移动后，看不见安全标志；标志牌前不得放置妨碍认读的障碍物。

(3）标志牌的平面与视线夹角应接近90°角，观察者位于最大观察距离时，最小夹角不低于75°。如图4-5所示。

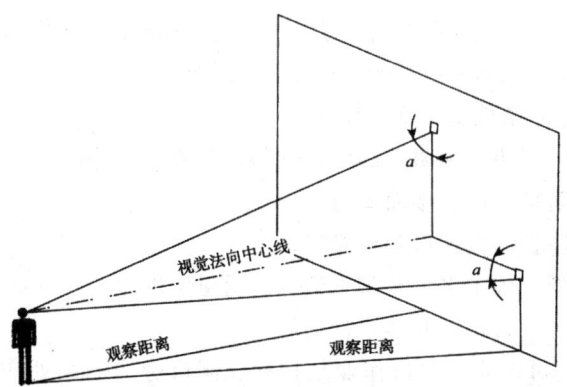

注：标志牌平面与视线夹角不低于75°

图4-5

（4）标志牌应设置在明亮的环境中。

（5）多个标志牌在一起设置时，应按警告、禁止、指令、提示类型的顺序，先左后右、先上后下地排列。

（6）标志牌的固定方式分附着式、悬挂式和柱式三种，悬挂式和附着式的固定应稳固不倾斜，柱式的标志牌和支架应牢固地连接在一起。

（7）其他要求应符合《公共信息导向系统设置原则与要求》(GB 15566) 的规定。

（8）安全标志应有专人管理，作业条件发生变化或损坏时，应及时更换。

五、高处坠落事故及预防措施

据统计，在建筑施工作业的职业伤害中，与高处坠落相关的伤亡人数约占职业伤害的39%左右，而架上坠落、悬空坠落、临边坠落和洞口坠落等4个方面，占高处坠落事故的90%左右。

(一) 高处坠落事故

1. 高处坠落事故的多发环节

(1) 临边作业。临边作业是指：施工现场中，工作面边沿无围护设施或围护设施高度低于 80 cm 时的高处作业。

下列作业条件属于临边作业：

① 基坑周边、无防护的阳台、料台与挑平台等；

② 无防护楼层、楼面周边；

③ 无防护的楼梯口和梯段口；

④ 井架、施工电梯和脚手架等的通道两侧面；

⑤ 各种垂直运输卸料平台的周边。

(2) 洞口作业。洞口作业是指孔、洞口旁边的高处作业，包括施工现场及通道旁深度在 2 m 及 2 m 以上的桩孔、沟槽与管道孔洞等边沿作业；建筑物的楼梯口、电梯口及设备安装预留洞口等未安装正式栏杆、门窗等围护结构时，还有一些施工需要预留的上料口、通道口、施工口等。洞口若没有防护时，就有造成作业人员高处坠落的危险。

(3) 攀登作业。攀登作业是指借助建筑结构、脚手架上的登高设施或采用梯子、其他登高设施在攀登条件下进行的高处作业。在建筑物周围搭拆脚手架、张挂安全网、装拆塔机、龙门架、井字架、施工电梯、桩架、登高安装钢结构构件等作业都属于这种作业。

进行攀登作业时作业人员由于没有作业平台，只能攀登在可借助物的架子上作业，要借助一手攀、一只脚勾或用腰绳来保持平衡，身体重心垂线不通过脚下，作业难度大，危险性大，若有不慎就可能坠落。

(4) 悬空作业。悬空作业是指在周边临空状态下进行高处作业。其特点是操作者在无立足点或无牢靠立足点的条件下进行高处作业。

建筑施工中的构件吊装，利用吊篮进行外装修，悬挑或悬空梁板、雨棚等特殊部位支拆模板、扎筋、浇混凝土等项作业都属于悬空作业。由于是在不稳定的条件下施工作业，危险性很大。

(5) 交叉作业。交叉作业是指在施工现场的上下不同层次,于空间贯通状态下同时进行的高处作业。

2. 高处坠落的原因

(1) 高处作业时违反操作规程。

(2) 防护措施不当、安全装置失灵或质量不好。

(3) 从事高处作业人员的情绪不好、注意力不集中等造成失误。

(4) 从事故高处作业的人员有不适于高处作业的疾病,如高血压病、心脏病、贫血病、癫痫病等,或酒后从事高处作业,易致使高处坠落。

(二) 高处坠落事故的预防措施

1. 安全"三宝"防护措施

安全帽、安全带、安全网在建筑安装工程施工中,挽救了无数职工的生命,已被建筑企业广大职工公认为安全"三宝"。

(1) 进入施工现场的职工必须戴安全帽:进入施工现场的职工必须戴好符合标准的安全帽,帽衬与帽壳之间必须留 4 cm～5 cm 的间隙,并要系好帽带,防止脱落或者坠落物件把帽子打掉致伤头部。

(2) 悬空作业人员须系安全带:凡在 2 m 以上悬空作业,必须系好符合要求的安全带,有的悬空作业点没有挂安全带的条件时(如:行车梁的上部、吊装屋架上弦等),施工负责人应为工人设置挂安全带的安全绳、安全栏杆等。

(3) 高处作业点的下方必须设安全网:凡无外架防护施工,必须在高度 4 m～5 m 处设一层固定安全网,每隔四层楼再设一道固定安全网,并同时设一层随墙体逐层上升的安全网。凡外架、桥式架、插口架的操作层外侧,必须设置小孔安全网,防止人、物坠落造成事故。

2. "四口"防护措施

(1) 凡楼梯口、预留洞口(包括管井口),必须设置围栏或盖板、架网。

(2) 正在建的建筑物所有出入口,必须搭设防护棚。棚的宽度应大于出入口,棚的长度应根据建筑物的高度,分别为 5 m～10 m 为宜。

3. "五临边"防护措施

在施工过程中,尚未安装栏杆的阳台周边、无外架防护的屋面周边、工程楼层周边、跑道、(斜道)两侧边、卸料台的外侧边等,必须设置 1 m 高的双层围栏或搭设安全网。

复习思考题

1. 如何预防电气设备触电?
2. 机械设备的基本安全要求是什么?
3. 防火防爆的原理是什么?
4. 生产性粉尘治理的技术措施有哪些?
5. 对有限空间作业安全的一般要求有哪些?
6. 对高处坠落事故有哪些预防措施?

第五章 生产经营单位隐患排查治理要点

本章学习要点

◆ 熟悉事故隐患排查治理的内容
◆ 掌握一般事故隐患和重大事故隐患治理的方法
◆ 熟练掌握安全生产检查的有关内容

第一节 事故隐患排查与治理

一、安全生产事故隐患

安全生产事故隐患(以下简称隐患、事故隐患或安全隐患),是指生产经营单位违反安全生产法律、法规、规章、标准、规程和安全生产管理制度的规定,或者因其他因素在生产经营活动中存在可能导致事故发生的物的危险状态、人的不安全行为和管理上的缺陷。

在事故隐患的三种表现中,物的危险状态是指生产过程或生产区域内的物质条件(如材料、工具、设备、设施、成品、半成品)处于危险状态,人的不安全行为是指人在工作过程中的操作、指示或其他具体行为不符合安全规定,管理上的缺陷是指在开展各种生产活动中所必须的各种组织、协调等行动存在缺陷。

二、隐患分级

隐患的分级是以隐患的整改、治理和排除的难度及其影响范围为标准的，可以分为一般事故隐患和重大事故隐患。一般事故隐患，是指危害和整改难度较小，发现后能够立即整改排除的隐患。重大事故隐患，是指危害和整改难度较大，应当全部或者局部停产停业，并经过一定时间整改治理方能排除的隐患，或者因外部因素影响致使生产经营单位自身难以排除的隐患。

三、隐患排查

隐患排查是指生产经营单位组织安全生产管理人员、工程技术人员和其他相关人员对本单位的事故隐患进行排查，并对排查出的事故隐患，按照事故隐患的等级进行登记，建立事故隐患信息档案。

四、隐患治理

隐患治理就是指消除或控制隐患的活动或过程。对排查出的事故隐患，应当按照事故隐患的等级进行登记，建立事故隐患信息档案，并按照职责分工实施监控治理。对于一般事故隐患，由于其危害和整改难度较小，发现后应当由生产经营单位（车间、分厂、区队等）负责人或者有关人员立即组织整改。对于重大事故隐患，由生产经营单位主要负责人组织制定并实施事故隐患治理方案。

第二节　安全生产检查

安全生产检查是生产经营单位安全生产管理的重要内容，其工作重点是辨识安全生产管理工作存在的漏洞和死角，检查生产现场安全防护设施、作业环境是否存在不安全状态，现场作业人员的行为是否符合安全规范，以及设备、系统运行状况是否符合现场规程的要求等。通过安全检查，不断堵塞管理漏洞，改善劳动作业环境，规范作业人员的行为，保证设备系统的安全、可靠运行，实现安全生产的目的。

一、安全生产检查的类型

安全生产检查分类方法有很多，习惯上分为以下六种类型。

1. 定期安全生产检查

定期安全生产检查一般是通过有计划、有组织、有目的的形式来实现，一般由生产经营单位统一组织实施。检查周期的确定，应根据生产经营单位的规模、性质以及地区气候、地理环境等确定。定期安全检查一般具有组织规模大、检查范围广、有深度、能及时发现并解决问题等特点。定期安全检查一般和重大危险源评估、现状安全评价等工作结合开展。

2. 经常性安全生产检查

经常性安全生产检查是由生产经营单位的安全生产管理部门、车间、班组或岗位组织进行的日常检查。一般来讲，包括交接班检查、班中检查、特殊检查等几种形式。

交接班检查是指在交接班前，岗位人员对岗位作业环境、管辖的设备及系统安全运行状况进行检查，交班人员要向接班人员说清楚，接班人员根据自己检查的情况和交班人员的交代，做好工作中可能发生问题及应急处置措施的预想。

班中检查包括岗位作业人员在工作过程中的安全检查，以及生产经营单位领导、安全生产管理部门和车间班组的领导或安全监督人员对作业情况的巡视或抽查等。

特殊检查是针对设备、系统存在的异常情况，所采取的加强监视运行的措施。一般来讲，措施由工程技术人员制定，岗位作业人员执行。

交接班检查和班中岗位的自行检查，一般应制定检查路线、检查项目、检查标准,并设置专用的检查记录本。

岗位经常性检查发现的问题记录在记录本上,并及时通过信息系统和电话逐级上报。一般来讲,对危及人身和设备安全的情况,岗位作业人员应根据操作规程、应急处置措施的规定,及时采取紧急处置措施,不需请示,处置后则立即汇报。有些生产经营单位如化工单位等习惯做法是,岗位作业人员发现危及人身、设备安全的情况,只需紧急报告,而不要求就地处置。

3. **季节性及节假日前后安全生产检查**

由生产经营单位统一组织,检查内容和范围则根据季节变化,按事故发生的规律对易发的潜在危险,突出重点进行检查。包括冬季防冻保温、防火、防煤气中毒,夏季防暑降温、防汛、防雷电等检查。

由于节假日(特别是重大节日,如元旦、春节、劳动节、国庆节)前后容易发生事故,因而应在节假日前后进行有针对性的安全检查。

4. **专业(项)安全生产检查**

专业(项)安全生产检查是对某个专业(项)问题或在施工(生产)中存在的普遍性安全问题进行的单项定性或定量检查。包括对危险性较大的在用设备、设施,作业场所环境条件的管理性或监督性定量检测检验则属专业(项)安全检查。专业(项)检查具有较强的针对性和专业要求,用于检查难度较大的项目。

5. **综合性安全生产检查**

综合性安全生产检查一般是由上级主管部门或地方政府负有安全生产监督管理职责的部门,组织对生产单位进行的安全检查。

6. **职工代表不定期对安全生产的巡查**

根据《工会法》及《安全生产法》的有关规定,生产经营单位的工会应定期或不定期组织职工代表进行安全检查。包括重点检查国家安全生产方针、法规的贯彻执行情况,各级人员安全生产责任制和规章制度的落实情况,从业人员安全生产权利的保障情况,生产现场的安全状况等。

二、安全生产检查的内容

安全生产检查的内容包括：软件系统和硬件系统。软件系统主要是查思想、查意识、查制度、查管理、查事故处理、查隐患、查整改。硬件系统主要是查生产设备、查辅助设施、查安全设施、查作业环境。

安全生产检查具体内容应本着突出重点的原则进行确定。对于危险性大、易发事故、事故危害大的生产系统、部位、装置、设备等应加强检查。一般应重点检查：易造成重大损失的易燃易爆危险物品、剧毒品、锅炉、压力容器、起重设备、运输设备、冶炼设备、电气设备、冲压机械、高处作业和本企业易发生工伤、火灾、爆炸等事故的设备、工种、场所及其作业人员；易造成职业中毒或职业病的尘毒产生点及其岗位作业人员；直接管理的重要危险点和有害点的部门及其负责人。

对非矿山企业，目前国家有关规定要求强制性检查的项目有：锅炉、压力容器、压力管道、高压医用氧舱、起重机、电梯、自动扶梯、施工升降机、简易升降机、防爆电器、厂内机动车辆、客运索道、游艺机及游乐设施等；作业场所的粉尘、噪声、振动、辐射、高温低温和有毒物质的浓度等。

对矿山企业，目前国家有关规定要求强制性检查的项目有：矿井风量、风质、风速及井下温度、湿度、噪声；瓦斯、粉尘；矿山放射性物质及其他有毒有害物质；露天矿山边坡；尾矿坝；提升、运输、装载、通风、排水、瓦斯抽放、压缩空气和起重设备；各种防爆电器、电器保护装置；矿灯、钢丝绳等；瓦斯、粉尘及其他有毒有害物质检测仪器、仪表；自救器；救护设备；安全帽；防尘口罩或面罩；防护服、防护鞋；防噪声耳塞、耳罩。

三、安全生产检查的方法

1. 常规检查

常规检查是一种常见的检查方法。通常是由安全管理人员作为检查工作的主体，到作业场所现场，通过感观或辅助一定的简单工具、仪表等，对作业人员的行为、作业场所的环境条件、生产设备设施等进行的定性检查。安全检查人员通过这一手段，及时发现现场存在的不安全隐患并采取措施予以消除，纠正施工人员的不安全行为。

常规检查主要依靠安全检查人员的经验和能力，检查的结果直接受安全检查人员个人素质的影响。

2. 安全检查表法

为使安全检查工作更加规范，将个人的行为对检查结果的影响减少到最小，常采用安全检查表法。安全检查表一般由工作小组讨论制定。安全检查表一般包括检查项目、检查内容、检查标准、检查结果及评价等内容。

编制安全检查表应依据国家有关法律法规，生产经营单位现行有效的有关标准、规程、管理制度，有关事故教训，生产经营单位安全管理文化、理念，反事故技术措施和安全措施计划，季节性、地理、气候特点等。我国许多行业都编制并实施了适合行业特点的安全检查标准，如建筑、电力、机械、煤炭等。

3. 仪器检查及数据分析法

有些生产经营单位的设备、系统运行数据具有在线监视和记录的系统设计，对设备、系统的运行状况可通过对数据的变化趋势进行分析得出结论。对没有在线数据检测系统的机器、设备、系统，只能通过仪器检查法来进行定量化的检验与测量。

四、安全生产检查的工作程序

1. 安全检查准备

（1）确定检查对象、目的、任务。

（2）查阅、掌握有关法规、标准、规程的要求。

（3）了解检查对象的工艺流程、生产情况、可能出现危险和危害的情况。

（4）制定检查计划，安排检查内容、方法、步骤。

（5）编写安全检查表或检查提纲。

（6）准备必要的检测工具、仪器、书写表格或记录本。

（7）挑选和训练检查人员并进行必要的分工等。

2. 实施安全检查

实施安全检查就是通过访谈、查阅文件和记录、现场观察、仪器测量的方式获取信息。

（1）访谈。通过与有关人员谈话来检查安全意识和规章制度执行情况等。

（2）查阅文件和记录。检查设计文件、作业规程、安全措施、责任制度、操作规程等是否齐全，是否有效；查阅相应记录，判断上述文件是否被执行。

（3）现场观察。对作业现场的生产设备、安全防护设施、作业环境、人员操作等进行观察，寻找不安全因素、事故隐患、事故征兆等。

（4）仪器测量。利用一定的检测检验仪器设备，对在用的设施、设备、器材状况及作业环境条件等进行测量，以发现隐患。

3. 综合分析

经现场检查和数据分析后，检查人员应对检查情况进行综合分析，提出检查的结论和意见。一般来讲，生产经营单位自行组织的各类安全检查，应有安全管理部门会同有关部门对检查结果进行综合分析；上级主管部门或地方政府负有安全生产监督管理职责的部门组织的安全检查，应经过统一研究得出检查意见或结论。

五、提出整改要求

针对检查发现的问题,应根据问题性质的不同,提出立即整改、限期整改等措施要求。生产经营单位自行组织的安全检查,由安全管理部门会同有关部门,共同制定整改措施计划并组织实施。上级主管部门或地方政府负有安全生产监督管理职责的部门组织的安全检查,检查组应提出书面的整改要求,由生产经营单位制定整改措施计划。

六、整改落实

对安全检查发现的问题和隐患,生产经营单位应从管理的高度,举一反三,制定整改计划并积极落实整改。

七、信息反馈及持续改进

生产经营单位自行组织的安全检查,在整改措施计划完成后,安全管理部门应组织有关人员进行验收。对于上级主管部门或地方政府负有安全生产监督管理职责的部门组织的安全检查,在整改措施完成后,应及时上报整改完成情况,申请复查或验收。

对安全检查中经常发现的问题或反复发现的问题,生产经营单位应从规章制度的健全和完善、从业人员的安全教育培训、设备系统的更新改造、加强现场检查和监督等环节入手,做到持续改进,不断提高安全生产管理水平,防范生产安全事故的发生。

复习思考题

1. 事故隐患排查治理的内容有哪些?
2. 一般事故隐患和重大事故隐患治理的方法分别是什么?
3. 安全生产检查的工作程序有哪些?

第六章 安全生产管理经验借鉴

本章学习要点
◆ 了解并掌握我国安全生产管理的先进模式
◆ 熟练运用典型安全管理模式

一、大连国际机场集团有限公司：以安全文化建设夯实持续安全基石

安全文化建设过程实质就是企业安全管理和落实企业主体责任的全过程。大连机场充分认识到企业安全文化在安全管理工作中的重要作用，高度重视企业安全文化建设。

（一）加强安全理念文化建设，不断深化对持续安全的认识和理解

大连机场在安全文化建设过程中，不断深化对持续安全理念的认识和理解。集团公司才力董事长对"持续安全"的理念做了深刻的解读，归纳起来叫做"高度重视、持续改进、全方位推进"。高度重视就是始终把安全生产作为机场的头等大事，切实从思想上铸牢安全第一的理念；持续改进就是不断改进安全工作，对安全隐患和安全问题要闻风而动、一抓到底、一贯到底，坚持做到解决安全问题不过夜，安全投入上不打折扣，把持续改进作为确保持续安全的基本方法；全方位推进就是要突出机场管理机构在安全管理中的主体地位，动员全场员工和协调驻场各单位全方位推进安全工作，确

保机场持续安全。通过对持续安全理念的全面解读，进一步明确了大连机场安全发展的方向和奋斗目标。

(二) 加强安全制度文化建设，不断完善安全管理体系

几年来，大连机场在安全文化建设过程中，不断完善责任体系和安全规章制度。一是通过与基层保障单位层层签订安全责任状的方式，并将安全目标进行层层分解，建立了上至机场第一责任人、下至每一个员工的安全生产责任体系，做到了"一岗一责""一岗双责"，打破了抓安全工作主要靠第一责任人、分管安全领导和职能部门的传统模式，使每一名员工都了解自身工作岗位的工作要求、岗位职责、岗位风险，形成了"人人肩上有指标"，一级抓一级、一级保一级的安全管理模式，将安全生产责任层层落实，建立起横向到边、纵向到底，高效运作的机场安全责任网络，并通过"五级监督检查体系"，强化安全生产的监督检查；二是结合机场安全管理体系建设，不断完善各项规章制度，先后制定了《安全生产管理及责任追究管理规定》《航空安全目标管理考核细则》《"安全品牌"创建管理办法》《安全检查管理细则》《班组安全管理细则》《安全隐患排查治理管理规定》《安全奖励基金管理办法》《重大安全事项挂牌督办管理办法》等多项管理制度，并全方位、全过程贯彻落实，形成以制度管人、以制度办事的文化氛围。

(三) 加强物质文化建设，不断强化安全资源配置

大连机场高度重视以安全资源配置为主要内容的物质文化建设，不断加大安全资金投入，把安全需求纳入机场整体发展规划之中，优先配置资源，积极构建与机场规模、发展速度相匹配的资源管理体系，制定了《大连机场集团有限公司安全生产费用提取和使用管理办法》，加强安全生产费用管理，按规定提取、使用安全生产费用，把安全生产宣传教育经费纳入年度费用计划，保证安全文化建设的投入，实现持续安全目标。

(四) 加强安全品牌文化建设，不断促进安全发展

为充分发挥安全品牌示范引领作用，实现机场安全的可持续发展，大连机场制订下发了《"安全品牌"创建管理办法》，突出抓好安全品牌创建工作，将安全品牌创建打造成为机场安全管理的拳头品牌。机场正式确认的在创"安全品牌"有机务工程部的"航线维修25万架次无差错"、安全检查站的"三千万旅客安全检查无差错"等11个安全品牌。通过树立先进，以点带面，把安全品牌创建作为一种延长安全周期的管理手段，确保大连机场安全裕度进一步扩大，保障机制进一步完善，持续安全理念进一步深入人心，安全基础进一步牢固。

(五) 加强员工素质文化建设，不断提高安全保障水平

员工的安全素质与提高安全保障能力紧密相关。一是在岗位认证与培训体系建设方面，始终遵循逐年递增原则。关键岗位必须进行资质认证，为了确保上岗资质持续有效，定期组织持证（照）人员参加复训；二是与中国民航大学合作，开展"三年百人培训计划"，即连续三年每年选派30余名优秀青年员工赴民航大学培养和深造，第一批学员于2012年3月入校；三是通过开展岗位练兵、技能比武、"班组互保"、培训班等各种方式和手段，加强对全场干部员工的各种安全知识培训普及；四是通过经常性的安全警示教育，组织员工对过去发生的问题进行回头看，不断增强干部员工对安全工作的能动反映，提高全员安全保障能力；四是在加强企业主要负责人和安全管理人员培训的基础上，举办了班组长大讲堂、危险品专项培训、特种作业人员复训、科级业务讲堂和危机应对等专题讲座，仅2012年就完成授课6300余学时，培训员工3.6万人次。

(六) 加强可视文化建设，不断提高员工战斗力

大连机场采取多种形式加大安全文化宣传力度。一是充分发挥报纸、杂志等在安全生产知识方面的传播作用，机场党委工作部每年都按照比例增加安全生产知识传播的报纸、杂志订阅指标，各单

位认真落实党委工作部下达的订阅指标，选择订阅适合部门特点的相关安全报刊杂志，并发放到班组，保证所定报刊杂志员工都能看得到；二是对安全生产的宣传报道工作高度重视，党委工作部每年年初下达宣传报道指标，机场各单位认真落实党委工作部下达的新闻宣传指标任务，积极在各级新闻媒体刊登机场在安全生产方面的创新、成果、经验等文章，每年都有部分新闻稿件在省（含）以上新闻媒体上刊登发表；三是定期向基层保障单位发放相关宣传资料、安全警示标语、提示以及相关安全管理书籍等，各基层单位在明显位置对发放的宣传资料予以张贴，并组织员工认真学习发放书籍，并结合本单位作业场所实际情况，设置和谐醒目的安全警示、温情提示等宣传用品；四是充分利用电子显示屏、会议室、休息室、走廊以及室外相关场地设立安全文化长廊、安全角、黑板报、宣传栏等加强安全文化环境建设，并定期更换板报和宣传栏的相关内容，营造关注安全、锐意进取的文化氛围；五是充分发挥"安康杯"竞赛、"安全生产月""安全百日倒计时"等群众性活动平台作用，组织开展各种有益于安全文化建设的文娱体育活动，逐步形成具有大连机场特点的安全文化氛围，在潜移默化中强化员工的安全生产观念，增强员工的荣辱感和责任感，从而凝聚员工战斗力，提高安全保证能力。

（七）加强信息文化建设，不断改进安全工作

大连机场在安全文化建设过程中，高度重视信息传递工作的重要性。一是制定了《航空安全信息管理办法》，规范安全信息报告范围、程序和时限，为领导决策提供可靠依据；二是充分发挥机场办公局域网作用，使机场内外、上下的安全信息畅通，上级指示能及时传达贯彻，安全经验教训能及时反馈吸取；三是通过开展持续安全隐患大排查、集中开展"回头看"等活动，以及发布检查通报、情况报告等方式，建立信息收集和反馈机制，从与安全相关的任何事件中汲取经验从而改进工作；四是建立自愿报告制度，收集整理、通报内部各类安全信息，鼓励员工积极报告安全隐患，对员工报的安全问题及时处理和反馈，最终实现安全工作的持续改进提高。

(八) 加强和谐文化建设，不断营造良好的安全氛围

实现持续安全需要和谐的安全环境。大连机场在安全文化建设中突出以"文"化"人"，把和谐作为安全文化建设的重要内容。一是调动员工保障安全工作积极性，对大比武、大练兵活动中，在同一岗位连续三次获得机场岗位能手称号的业务骨干予以终身补贴，极大提升了员工钻研业务和技能的积极性和主动性；二是积极构建和谐劳动关系，大连机场几年来在收入分配上向劳务工和普通员工倾斜，建立了优秀劳务工择优转正激励机制，激发了全场干部员工的工作热情和干劲，大连机场因此获得辽宁省"模范劳动关系和谐企业"称号；三是根据企业特点建立员工参与安全事务的机制，在实践中不断完善职工代表"恳谈会"和职工"提合理化建议"制度，就安全事项与员工建立良好的沟通程序，确保各级主管和安全管理部门保持良好的沟通与协作。同时每年向社会公开征集"金点子"活动，以提升机场管理水平、服务质量、环境品位、运营效能，树立大连机场良好的社会形象。

二、杜邦安全文化：十大信念和四个阶段

在杜邦，安全、健康和环境保护（SHE）被认为是业务蓬勃发展的不可分离的一部分。"SHE"的目标作为整个公司、各个业务部门和分支机构的全面成功的关键因素而融入其企业战略和经营计划中。尤其是200年来，杜邦在安全管理中逐渐形成的企业安全文化，即：杜邦把安全、健康和环境作为其企业的核心价值之一，每位员工不仅对自己的安全负责，而且也要对同事的安全负责。这种个人和集体负责的概念，连同以任何事故都可预防的信念为指导原则，企业上下一致实现零伤害、零疾病、零事故的目标，其结果为杜邦在工业安全方面奠定了领先地位，具有非凡的记录，并在安全管理方面享有全球的信誉。

(一) 杜邦十大安全信念

(1) 一切事故都可以防治。
(2) 管理层要抓安全工作,同时对安全负有责任。
(3) 所有危害因素都可以控制。
(4) 安全地工作是雇佣的一个条件。
(5) 所有员工都必须经过安全培训。
(6) 管理层必须进行安全检查。
(7) 所有不良因素都必须马上纠正。
(8) 工作之外的安全也很重要。
(9) 良好的安全创造良好的业务。
(10) 员工是安全工作的关键。

杜邦以安全文化为核心,制定了十分严格、近乎苛刻的安全防范措施。正是这些苛刻的措施,令杜邦的员工感到十分安全。在杜邦全球所有机构中,均设有独立的安全管理部门和专业管理人员。安全专业人员与现场安全协调员共同组成完整的安全管理网络,保证安全信息和管理功能畅通地到达各个生产环节。杜邦创建了一整套完善的安全管理方案及操作规程,全体员工严格按照方案和操作规程工作,并主动参与危险的识别和消除工作,确保将安全隐患消灭在萌芽状态。

(二) 杜邦企业安全文化建设与工业伤害防止和员工安全行为模型

杜邦企业安全文化建设与工业伤害防止和员工安全行为模型描述了杜邦企业安全文化建设过程中经历的四个不同阶段。这四个阶段可概括为:①自然本能反应阶段;②依赖严格的监督;③独立自主管理;④互助团队管理。该模型的建立是基于杜邦历史安全伤害统计记录,以及在这过程中公司和员工在当时对安全认识的条件下曾作出的努力和具备的安全意识,是杜邦安全文化建设实践的理论化总结。该模型表明,只有当一个企业安全文化建设处于过程中的第四阶段时,才有可能实现零伤害、零事故的目标。应用该模型,并结合模型阐述的企业和员工在不同阶段所表现出的安全行为特征，可初步判断某企业安全文化建设过程所处的状态以及努力的方向和目标。

（三）企业安全文化建设不同阶段中企业和员工的安全行为特征

根据杜邦的经验，企业安全文化建设不同阶段中企业和员工表现出的安全行为特征可概括如下。

第一阶段　自然本能反应

处在该阶段时企业和员工对安全的重视仅仅是一种自然本能保护的反应，表现出的安全行为特征为：

（1）依靠人的本能——员工对安全的认识和反映是出于人的本能保护，没有或很少有安全的预防意识。

（2）以服从为目标——员工对安全是一种被动的服从，没有或很少有安全的主动自我保护和参与意识。

（3）将职责委派给安全经理——各级管理层认为安全是安全管理部门和安全经理的责任，他们仅仅是配合的角色。

（4）缺少高级管理层的参与——高级管理层对安全的支持仅仅是口头或书面上的，没有或很少有在人力物力上的支持。

第二阶段　依赖严格的监督

处在该阶段时企业已建立起了必要的安全管理系统和规章制度，各级管理层对安全责任作出承诺，但员工的安全意识和行为往往是被动的，表现出的安全行为特征为：

（1）管理层承诺——从高级至生产主管的各级管理层对安全责任作出承诺并表现出无处不在的有关领导。

（2）受雇的条件——安全是员工受雇的条件，任何违反企业安全规章制度的行为可能会导致被解雇。

（3）害怕/纪律——员工遵守安全规章制度不仅仅是害怕被解雇或受到纪律处罚。

（4）规则/程序——企业建立起了必要的安全规章制度，但员工的执行往往是被动的。

（5）监督控制、强调和目标——各级生产主管监督和控制所在部门的安全，不断反复强调安全的重要性，制订具体的安全目标。

（6）重视所有人——企业把安全视为一种价值，不但就企业而言，而且是对所有人包括员工和合同工等。

（7）培训——这种安全培训应该是根据系统性和针对性设计的。受训的对象应包括企业的高、中、低管理层，一线生产主管，技术人员，全体员工和合同工等。培训的目的是培养各级管理层、全体员工和合同工具有安全管理的技巧和能力，以及良好的安全行为。

第三阶段　独立自主管理

此时，企业已具有良好的安全管理及其体系，安全获得各级管理层的承诺，各级管理层和全体员工具备良好的安全管理技巧、能力以及安全意识，表现出的安全行为特征为：

（1）个人知识、承诺和标准——员工具备熟识的安全知识，员工本人对安全行为作出承诺，并按规章制度和标准进行生产。

（2）内在化——安全意识已深入员工之心。

（3）个人价值——把安全作为个人价值的一部分。

（4）关注自我——安全不但是为了自己，也是为了家庭和亲人。

（5）实践和习惯行为——安全无时不刻在员工的工作中、工作外，成为其日常生活的行为习惯。

（6）个人得到承认——把安全视为个人成就。

第四阶段　互助团队管理

此时，企业安全文化深得人心，安全已融入企业组织内部的每个角落。安全为生产，生产讲安全。表现出的安全行为特征为：

（1）帮助别人遵守——员工不但自己自觉遵守而且帮助别人遵守各项规章制度和标准。

（2）留心他人——员工在工作中不但观察自己岗位上而且留心他人岗位上的不安全行为和条件。

（3）团队贡献——员工将自己的安全知识和经验分享给其他同事。

(4) 关注他人——关心其他员工，关注其他员工的异常情绪变化，提醒安全操作。

(5) 集体荣誉——员工将安全作为一项集体荣誉。

(四) 杜邦安全文化给我们的启示

杜邦企业安全文化建设与工业伤害防止和员工安全行为模型是杜邦两百年安全文化建设实践的理论化总结。应用该模型，可初步判断某企业安全文化建设过程所处的状态。该模型也表明，只有当一个企业安全文化建设达到该模型中的第四阶段时，才有可能实现安全零伤害、零疾病、零事故的目标。这也为企业安全文化建设提供了努力的方向和目标。

(1) 安全文化建设是保证安全的基础，有什么样的安全文化，就会有什么样的安全状态。安全文化深刻而广泛的影响着人们的思想，左右着人们的行为。

(2) 在广大职工中形成一个浓厚的安全文化氛围至关重要。树立安全业绩与工作业绩同等重要的信念，使安全成为自觉的行动，把安全视为工作的一个有机组成部分，做到人人掌握安全知识和技能，人人参与危险识别和控制。

(3) 安全管理贵在抓好落实，要树立每时每刻讲安全的理念，提高全员的安全风险意识。

(4) 做安全工作领导者必须率先垂范，身体力行。

三、开封豫龙水电工程有限公司创新安全文化建设

抓好安全是每个企业的基础工作，对于施工企业来讲尤为重要。切实做好安全管理工作，开封豫龙水电工程有限公司尝试着摸索出更加合理及行之有效的方法。

(一) 形成全新的安全文化理念

要塑造良好的企业文化，首先要做的就是理念的更新。理念更新，就是指在塑造企业文化模式之前，首先确立正确的企业文化的

理念与方针，针对企业的不同人员，运用各种手段和多种形式，分层次、有系统地进行宣传引导，消除思想障碍，统一思想认识，从而实现企业文化理念上的更新。树立以人为本的观念，坚持以人为本，打造安全文化是全面贯彻"安全第一、预防为主"方针的新举措，是企业保障员工人身安全与健康的新探索。真正做到维护员工的利益，以员工是否满意、是否得利、是否安康稳定为标准，形成社会效益、企业利益和个人权益的多赢局面，促进企业可持续发展。因此，企业抓安全生产首先要把员工的生命安全放在第一位，当员工人身安全与企业的生产、企业的经济利益等其它方面发生冲突时，应无条件的服从人的生命。树立安全就是企业最大效益的观念，企业只有实现安全才能确保企业稳定的生产秩序，没有可靠的安全作为屏障，企业的生产、经营、改革、发展将无法正常进行。

（二）创建有效的安全文化机制

有一个有效的安全文化机制，能够保证安全文化建设的顺利进行。主要要创建以下机制：一是创建安全学习机制。要使安全文化理念深入人心，必须要有一个科学的学习机制，建立学习型组织。在安全学习和安全教育的途径上要多管齐下，强化效果。在安全学习和安全教育的形式及内容上要丰富多彩，推陈出新，既可以组织人员集中培训学习。二是创建安全管理机制。认真整合并完善各类安全管理规章制度，增强科学性、严密性和可操作性，是搞好安全生产的前提，也是创建安全文化的前提。企业文化建设固然离不开员工群众的作用，但专业人员和专门机构的作用也同样不可忽视。企业为了保证企业文化的顺利进行，应建立专门的组织机构，制定规划，培训骨干，组织实施规划，对员工进行企业文化方面的教育，向领导提出建议，组织企业文化的试点等。三是创建安全培训机制。良好的企业文化离不开对企业员工的训练培养。培养训练，就是要将企业建设成一个学习型的团体，根据企业文化建设要求，运用上课、技术表演、集体活动等形式，对企业员工进行教育和训练，使其了解企业的历史，掌握工作条件和规则，知道应遵循或遵守什么；

具有正确的工作态度、精神面貌；有正确的人生观、价值观，有协调精神，责任感强，积极性高，真正成为一个有"文化"的企业员工。

（三）培养正确的安全意识及价值观

要加强全员安全思想教育。通过各种形式的安全教育，充分阐释安全文化，大力传播安全文化，系统灌输安全文化，认真实践安全文化，唤醒人们对安全健康的渴望，从根本上提高安全认识，这就需要从思想上、心态上去宣传、教育、引导，使员工树立正确的安全价值观。这是一个微妙而缓慢的心理过程，需要做艰苦细致的教育工作。向员工灌输"以人为本，安全第一"的亲情观、"安全就是效益、安全创造效益"的效益观、"安全光荣，违章可耻"的荣辱观、"行为源于认识，预防胜于处罚，责任重于泰山"的责任观、"安全不是为了别人，而是为了你自己"的价值观、"未亡羊先补牢"的安全预防观，增强员工的安全意识，形成人人重视安全，人人为安全尽责的良好氛围。

总之，安全工作有难度，但它是一件具有深远意义而又长期的工作，经过多年的发展和完善，开封豫龙水电工程有限公司已逐步形成一套较为完整并有自身特色的企业管理体系，企业安全文化氛围也逐步形成，安全管理工作现已逐步被人们所理解，安全理念正在深入人心。

复习思考题

1. 大连国际机场的安全文化建设包含哪些内容？
2. 杜邦安全文化的十大信念和四个阶段是什么？
3. 开封豫龙水电工程有限公司的创新安全文化建设方法是什么？

第七章　安全生产事故典型案例分析

一、内蒙古自治区某矿业有限责任公司"12·3"特别重大瓦斯爆炸事故

2016年12月3日,内蒙古自治区某矿业有限责任公司发生特别重大瓦斯爆炸事故。事故发生在6040综放工作面区域,波及范围主要为6号煤层生产系统,即150溜子巷(风门)、联络巷(26号风门)、6040第一至第三部皮带巷、盲巷、6040联络巷、6040巷采工作面、6040综放工作面及6040工作面进、回风顺槽和6041准备工作面运输顺槽等。事故共造成32人死亡、20人受伤,直接经济损失4399万元。

事故原因:

1. 直接原因

该煤矿借回撤越界区域内设备名义违法组织生产,6040巷采工作面因停电停风,造成瓦斯积聚;1小时后恢复供电通风,积聚的高浓度瓦斯排入与之串联通风的6040综放工作面,遇到正在违规焊接支架的电焊火花引起瓦斯燃烧,产生的火焰传导至6040工作面进风顺槽,引起瓦斯爆炸。

2. 间接原因

(1) 长时间、长距离、大范围、大规模疯狂进行越界违法开采。

(2) 弄虚作假,掩盖越界区域,销毁证据,蓄意逃避监管。

(3) 越界区域内管理混乱，冒险蛮干。

防范措施：

（1）牢固树立安全发展理念，加强安全生产工作。坚守发展决不能以牺牲安全为代价这条红线。

（2）开展专项行动，严厉查处违法违规行为。

（3）国土资源管理部门要提高履职能力，切实加强矿产资源监管。

（4）从严从细落实安全监管监察执法工作职责，研究制定一套检查"五假"的方法，切实盯住重大事故隐患整改。

（5）强化中介机构监管，完善中介服务信用体系。

（6）加大举报奖励力度，用好群众举报这个有力手段。

二、江西某发电厂"11·24"冷却塔施工平台坍塌特别重大事故

2016年11月24日，江西某发电厂三期扩建工程发生冷却塔施工平台坍塌特别重大事故，造成73人死亡、2人受伤，直接经济损失10197.2万元。

事故原因：

1. 直接原因

施工单位在7号冷却塔第50节筒壁混凝土强度不足的情况下，违规拆除第50节模板，致使第50节筒壁混凝土失去模板支护，不足以承受上部荷载，从底部最薄弱处开始坍塌，造成第50节及以上筒壁混凝土和模架体系连续倾塌坠落。坠落物冲击与筒壁内侧连接的平桥附着拉索，导致平桥也整体倒塌。

2. 间接原因

（1）安全生产管理机制不健全。

（2）现场施工管理混乱。

（3）安全技术措施存在严重漏洞。

（4）拆模等关键工序管理失控。

防范措施：

（1）增强安全生产红线意识，进一步强化建筑施工安全工作。

（2）完善电力建设安全监管机制，落实安全监管责任。

（3）进一步健全法规制度，明确工程总承包模式中各方主体的安全职责。

（4）规范建设管理和施工现场监理，切实发挥监理管控作用。

（5）夯实企业安全生产基础，提高工程总承包安全管理水平。

（6）全面推行安全风险分级管控制度，强化施工现场隐患排查治理。

（7）加大安全科技创新及应用力度，提升施工安全本质水平。

三、天津港"8·12"特别重大火灾爆炸事故

2015年8月12日，位于天津市滨海新区天津港的某国际物流有限公司（以下简称瑞海公司）危险品仓库发生特别重大火灾爆炸事故。8月12日22时51分46秒，位于天津市滨海新区某公司危险品仓库运抵区最先起火，23时34分06秒发生第一次爆炸，23时34分37秒发生第二次更剧烈的爆炸。事故现场形成6处大火点及数十个小火点，8月14日16时40分，现场明火被扑灭。事故造成165人遇难，8人失踪，798人受伤住院治疗；304幢建筑物、12428辆商品汽车、7533个集装箱受损。截至2015年12月10日，已核定直接经济损失68.66亿元人民币，其他损失尚需最终核定。本次事故残留的化学品与产生的二次污染物逾百种，对局部区域的大气环境、水环境和土壤环境造成了不同程度的污染。

事故原因：

1. 直接原因

该国际物流公司危险品仓库运抵区南侧集装箱内的硝化棉由于湿润剂散失出现局部干燥，在高温（天气）等因素的作用下加速分解放热，积热自燃，引起相邻集装箱内的硝化棉和其他危险化学品

长时间大面积燃烧,导致堆放于运抵区的硝酸铵等危险化学品发生爆炸。

2. 间接原因

(1) 事故企业严重违法违规经营;

(2) 危险化学品事故应急处置能力不足;

(3) 港口管理体制不顺、安全管理不到位;

(4) 危险化学品安全监管体制不顺、机制不完善;

(5) 有关职能部门有法不依、执法不严。

防范措施:

(1) 生产经营单位应当具备有关法律、行政法规和国家标准或者行业标准规定的安全生产条件;不具备安全生产条件的,不得从事生产经营活动;

(2) 生产经营单位对重大危险源应当登记建档,进行定期检测、评估、监控,并制定应急预案,告知从业人员和相关人员在紧急情况下应当采取的应急措施;

(3) 进一步理顺港口安全管理体制;建立、健全本单位的安全生产责任制;制定本单位安全生产规章制度和操作规程;

(4) 生产经营单位必须遵守《安全生产法》和其他有关安全生产的法律、法规,加强安全生产管理,建立、健全安全生产责任制和安全生产规章制度,改善安全生产条件,推进安全生产标准化建设,提高安全生产水平,确保安全生产;

(5) 各级人民政府及其有关部门应当采取多种形式,加强对有关安全生产的法律、法规和安全生产知识的宣传,增强全社会的安全生产意识。

四、昆山市特别重大粉尘爆炸事故

2014年8月2日7时34分,位于昆山市的某金属制品有限公司抛光二车间发生特别重大铝粉尘爆炸事故,当天造成75人死亡、185人受伤。事故共有97人死亡、163人受伤,直接经济损失3.51

亿元。

事故原因：

1. 直接原因

事故车间除尘系统较长时间未按规定清理，铝粉尘集聚。除尘系统风机开启后，打磨过程产生的高温颗粒在集尘桶上方形成粉尘云。1号除尘器集尘桶锈蚀破损，桶内铝粉受潮，发生氧化放热反应，达到粉尘云的引燃温度，引发除尘系统及车间的系列爆炸。

因没有泄爆装置，爆炸产生的高温气体和燃烧物瞬间经除尘管道从各吸尘口喷出，导致全车间所有工位操作人员直接受到爆炸冲击，造成群死群伤。

2. 管理原因

（1）公司无视国家法律，违法违规组织项目建设和生产，是事故发生的主要原因。

① 厂房设计与生产工艺布局违法违规。

② 除尘系统设计、制造、安装、改造违规。

③ 车间铝粉尘集聚严重。

④ 安全生产管理混乱。

⑤ 安全防护措施不落实。

（2）苏州市、昆山市和昆山开发区安全生产红线意识不强、对安全生产工作重视不够，是事故发生的重要原因。

（3）负有安全生产监督管理责任的有关部门未认真履行职责，审批把关不严，监督检查不到位，专项治理工作不深入、不落实，是事故发生的重要原因。

防范措施：

（1）严格落实企业主体责任，加强现场安全管理。

（2）加大政府监管力度，强化开发区安全监管。

（3）落实部门监管职责，严格行政许可审批。

（4）深刻吸取事故教训，强化粉尘防爆专项整治。

（5）加强粉尘爆炸机理研究，完善安全标准规范。

五、吉林省长春市特别重大火灾爆炸事故

2013年6月3日6时10分许，位于吉林省长春市的某公司主厂房发生特别重大火灾爆炸事故，共造成121人死亡、76人受伤，17234平方米主厂房及主厂房内生产设备被损毁，直接经济损失1.82亿元。

事故原因：

1. 直接原因

造成重大人员伤亡的主要原因：一是起火后，火势从起火部位迅速蔓延，聚氨酯泡沫塑料、聚苯乙烯泡沫塑料等材料大面积燃烧，产生高温有毒烟气，同时伴有泄漏的氨气等毒害物质。二是主厂房内逃生通道复杂，且南部主通道西侧安全出口和二车间西侧直通室外的安全出口被锁闭，火灾发生时人员无法及时逃生。三是主厂房内没有报警装置，部分人员对火灾知情晚，加之最先发现起火的人员没有来得及通知二车间等区域的人员疏散，使一些人丧失了最佳逃生时机。四是该公司未对员工进行安全培训，未组织应急疏散演练，员工缺乏逃生自救互救知识和能力。

2. 间接原因

（1）公司安全生产主体责任根本不落实。

（2）公安消防部门履行消防监督管理职责不力。

（3）建设部门在工程项目建设中监管严重缺失。

（4）安全监管部门履行安全生产综合监管职责不到位。

（5）地方政府安全生产监管职责落实不力。

防范措施：

（1）要切实牢固树立和落实科学发展观。

（2）要切实强化企业安全生产主体责任的落实。

（3）要切实强化以消防安全标准化建设为重点的消防安全工作。

（4）要切实强化使用氨制冷系统企业的安全监督管理。

（5）要切实强化工程项目建设的安全质量监管工作。

(6) 要切实强化政府及其相关部门的安全监管责任。

(7) 要切实强化对安全生产工作的领导。

六、滨州市"11.29"重大煤气中毒事故

2015年11月29日17时40分许,位于滨州市邹平县的某不锈钢有限公司发生重大煤气中毒事故,造成10人死亡,7人受伤,直接经济损失990.7万元。

事故原因:

1. 直接原因

(1) 1♯排水器存在安全缺陷,未按规定设置水封检查管头,不能检查水封水位,在顶部放散管阀门关闭后,排水器桶体腔内水封上部形成密闭空间;

(2) 煤气输送工艺存在安全缺陷,转炉煤气直接供给锅炉使用,未经煤气柜系统稳压、缓冲和混匀成分,煤气管网压力频繁波动。在煤气管道运行过程中,排水器桶体腔和落水11管、溢流管内的水伴随煤气管网的压力波动呈现波动性摆动,煤气冷凝水通过落水管大量降落时,水中夹带的部分煤气气泡析出后进入密闭空间;随着上部密闭空间气体(含空气、煤气)体积不断增加,下部水从溢流管口被排出后水位不断降低,直至有效水封水位持续下降,水封被煤气压力瞬间击穿,管道内煤气通过排水器溢流管口大量泄漏;

(3) 事故发生当晚,事故现场大雾天气、能见度低、气压低、风速低、地势低,导致煤气泄漏后在下风向大量扩散积聚,造成下班后路经厂区北侧通道和附近岗位正在上班的企业职工中毒伤亡。

2. 间接原因

(1) 违法违规建设煤气管道和相关附属设施,安全生产管理制度和安全操作规程不健全、不落实,安全生产主体责任落实不到位;

(2) 邹平县青阳镇居民李某某冒用他人施工资质,违法违规设计施工煤气管道及其附属设施;

(3) 滨州市、邹平县安全监管和经信部门履行安全生产监督检

查、行业安全管理职责不到位。

防范措施：

（1）建立、健全本单位的安全生产责任制；制定本单位安全生产规章制度和操作规程，加强对安全生产责任制落实情况的监督考核，保证安全生产责任制的落实；

（2）生产经营单位的特种作业人员必须按照国家有关规定经专门的安全作业培训，取得相应资格，方可上岗作业；

（3）切实加强涉及煤气工贸企业的安全生产管理，进一步落实企业安全生产主体责任；

（4）牢固树立安全生产红线意识。

七、廊坊市文安县制氧厂燃爆瞒报事故

2013年7月30日7时1分，廊坊市文安县某钢铁有限公司制氧厂发生燃爆事故，造成7人死亡、1人受伤，直接经济损失1290万元。

事故原因：

1. 直接原因

现场作业人员未按《深度冷冻法生产氧气及相关气体安全技术规程》要求首先打开旁通管道手动截止阀，再关闭气动薄膜调节阀（气开式）两侧手动截止阀，便直接对气动薄膜调节阀进行带压操作，导致气动薄膜调节阀迅速打开，氧气瞬间流速过快，引起燃爆。

2. 间接原因

（1）该公司安全生产主体责任不落实，严重违规违章组织生产作业。

（2）地方政府监管部门履行安全监管职责不到位。

（3）地方政府安全生产监管职责落实不力。

防范措施：

（1）牢固树立科学发展安全发展理念，坚决守住安全生产"红线"。

（2）切实落实企业安全生产主体责任。
（3）切实履行好政府及相关部门的安全监管监察职责。
（4）继续扎实开展彻底地安全生产大检查。

八、某公司调车作业物体打击事故

2013年6月25日22时10分左右，某公司储运车间机车丁班在公司内铁路线上进行车辆调车作业时，机车在炉料库房南侧线路上由东向西推进作业，调车员李某站在机车前进方向右侧车梯上，机车前面平车上的一根钢轨垫楞从平车上掉落，戳到李某双腿，导致其双腿受伤，公司迅速将其送山桥医院抢救。李某经医务人员抢救无效于2013年6月26日凌晨3时39分死亡。本次事故造成直接经济损失75万元。

事故原因：

1. 直接原因

调车员李某在调车作业时未按规定对平车上所载钢轨垫楞的状态进行检查，导致垫楞所处位置与平车边缘过近，在车辆行进过程中，垫楞因车体震动而掉落。同时，违反调车员安全技术操作规程第13条"调车员在引导车辆进入车间、仓库、站台和厂房附近的线路时，不得站在车侧梯蹬上，应减低车速，下车徒步引导，以免发生事故"的规定，在机车途经铸钢车间炉料厂房时，由于当时正在下雨，其未按规定下车徒步引导机车，而是站在机车侧梯蹬上，导致其在钢轨垫楞掉落时躲避不及时，造成钢轨将其双腿戳伤。

2. 间接原因

（1）作业人员安全意识淡薄。
（2）企业安全隐患排查工作落实不到位。

防范措施：

（1）要加强对企业员工的安全教育培训工作。
（2）深入排查治理事故隐患。
（3）进一步加强企业班组安全管理工作。

(4) 完善企业制度，加强安全管理。

九、东莞某构件厂"4·13"起重机倾覆重大事故

2016年4月13日5时38分许，位于东莞市麻涌镇大盛村的某有限公司东莞东江口预制构件厂一台通用门式起重机发生倾覆，压塌轨道终端附近的部分住人集装箱组合房，造成18人死亡、33人受伤，直接经济损失1861万元。

事故原因：

1. 直接原因

(1) 起重机遭遇到特定方向的强对流天气突袭；

(2) 起重机夹轨器处于非工作状态；

(3) 起重机受风力作用，移动速度逐渐加大，最后由于速度快、惯性大，撞击止挡出轨遇阻碍倾覆；

(4) 住人集装箱组合房处于起重机倾覆影响范围内。

2. 间接原因

(1) 该公司特种设备使用管理不到位；

(2) 构件厂安全生产主体责任不落实；

(3) 该公司对东江口预制构件厂安全生产工作疏于管理，安全生产责任制落实不到位，组织安全生产大检查、隐患排查治理不到位；

(4) 某四航局安全生产责任制落实不到位，对下属单位落实安全生产法律法规工作督促指导不力，安全生产大检查不到位、不细致，气象灾害信息收集及响应等制度存在缺失；

(5) 东莞市相关安全生产监督管理部门对事故发生单位特种设备安全监管不力；对该市特种设备兼职安全监察员队伍指导不到位，存在监管真空地带，在履行职责方面存在缺失。

防范措施：

(1) 加强起重机等特种设备的安全管理；

(2) 规范施工现场临时建设行为；

（3）生产经营单位的安全生产责任制应当明确各岗位的责任人员、责任范围和考核标准等内容。生产经营单位应当建立相应的机制，加强对安全生产责任制落实情况的监督考核，保证安全生产责任制的落实；

（3）加强灾害性天气安全防范；加强外包工程安全管理；

（4）负有安全生产监督管理职责的部门依照有关法律、法规的规定，对涉及安全生产的事项需要审查批准（包括批准、核准、许可、注册、认证、颁发证照等，下同）或者验收的，必须严格依照有关法律、法规和国家标准或者行业标准规定的安全生产条件和程序进行审查；不符合有关法律、法规和国家标准或者行业标准规定的安全生产条件的，不得批准或者验收通过。

十、河北某钢铁公司连铸车间灼烫事故

2013年4月11日14时30分，河北某钢铁公司炼钢厂连铸车间二冷室发生一起灼烫事故，造成一人死亡，直接经济损失60万元。

事故原因：

1. 直接原因

杨某处理二流生产线滑板内下方支撑上水口的扇形板夹钢时，取下扇形板的扳手，用扳手敲击扇形板，敲击时用力过大，造成扇形板完全脱离上水口，导致与中包连接在一起的上水口失去支撑而坠落，中包内的钢水突然间泄流而出，流出的钢水经过结晶器流到下层的二冷室内，将在二冷室内的窦某烫伤致死。这是导致事故发生的直接原因。

2. 间接原因

（1）违章作业。窦某违反《中包工安全操作规程》，在钢坯浇注过程中违章进入二冷室内；杨某违规取下扇形板的扳手，用扳手敲击扇形板，造成扇形板完全脱离上水口，导致与中包连接在一起的上水口失去支撑而坠落。

（2）安全管理不到位。公司安全管理不到位，管理人员安全意识不足，对窦某违章进入二冷室和杨某违规用板手敲击扇形板行为未及时发现和有效制止。

（3）安全教育培训不到位。公司安全教育培训不到位，导致从业人员安全意识淡薄，对作业环境存在的危险因素认识不足。

防范措施：

（1）公司要举一反三，认真吸取事故教训，要在全公司开展一次安全生产大检查，全面排查和及时消除各类事故隐患，对不符合安全要求的要立即整改，达不到整改要求的，坚决不允许施工和生产。对事故区域要停产整顿，整改完成经验收合格后，方可恢复生产经营。

（2）公司要加强安全管理，进一步深化隐患排查治理，认真完善和落实各项规章制度、强化监督，确保各项安全措施落实到位，杜绝类似事故再次发生。

（3）公司要切实加强对从业人员的安全教育培训，要特别强化重点岗位和特种作业人员的教育培训，严格执行安全操作规程，杜绝"三违"现象发生。特种作业人员必须持证上岗，从本质上提升从业人员的能力。

（4）公司要加强设备维修管理工作，在设备维修过程中，要加强协调与沟通，作业人员要结成互保对子，切实加强作业过程中的相互保安和自我保安意识。

十一、秦皇岛某公司吊装作业触电致人死亡事故

2013年2月16日上午11点24分左右，秦皇岛某公司第二炼钢厂发生吊装作业触电致人死亡事故，事故造成1人死亡，直接经济损失75万元。

事故原因：

1. 直接原因

死者擅自进入吊装作业区域进行冒险作业，导致触电，是本次

触电事故的直接原因。

2．间接原因

（1）汽车吊装跨越高压（1万伏高压）线作业未采取安全防护措施，未制定详细的汽车吊装跨越高压线作业方案，在作业过程中，未采取任何防护措施。

（2）作业组织者未经请示领导和征得相关人员同意，违规指使他人代开吊装作业票，未经授权擅自代替其他管理审批人员在作业票上签字，致使汽车吊装作业票形同虚设，对危险状况估计不足、防范措施缺失。

（3）公司未严格按照国家相关法律法规的有关规定，督促、检查、落实吊装作业票管理制度，对作业现场的安全监督管理不到位，未及时发现和消除事故现场隐患。

防范措施：

（1）要认真履行教育培训制度，按照国家有关规定切实做好职工三级安全教育培训工作。认真落实班前会制度，强化职工的班前教育，提高职工的安全意识，培养职工遵章守纪的良好习惯，杜绝"三违"现象发生。

（2）要认真吸取本次事故以失去一条鲜活的生命为代价血的教训，立即在全公司范围开展八大危险作业票证制度执行情况大检查，层层落实责任，严格作业前、作业中、作业后的作业票证制度落实，防止流于形式，留下安全隐患，造成事故发生。

（3）建立健全全公司各类人员安全生产岗位责任制，加大安全监督检查考核力度，严格落实国家的法律法规和公司各项安全管理制度，防止类似事故再次发生。

十二、定州某公司车间作业淹溺事故

2014年3月20日14时28分左右，定州某公司甲醇二车间凉水塔8#风筒发生一起淹溺事故，造成1人死亡，直接经济损失68万元。

事故原因：

1. 直接原因

张某在作业过程中，没有严格执行公司制定的岗位安全操作规程，违反安全操作规程，作业过程中未系安全带，导致其从凉水塔 14.2 m 高处坠落到水池淹溺死亡。

2. 间接原因

（1）公司安全管理不到位。在无现场安全管理人员监护的情况下，操作人员未系安全带，擅自进入风筒作业。

（2）公司隐患排查不到位。风扇检修平台防护栏杆高度不符合《固定式钢梯及平台安全要求 第 3 部分：工业防护栏杆及钢平台》（GB 4053.3—2009）安全要求，实际高度 0.83 m。隐患排查中未排查出存在安全隐患。

（3）公司未严格落实安全生产管理制度要求。公司对日常安全监管不到位，没有达到全覆盖，隐患排查治理工作存在死角盲区。

防范措施：

（1）公司要针对此次事故举一反三，加大对事故隐患的排查力度。

（2）加强对公司员工的安全教育，作业过程中要严格执行安全操作规程。

（3）对风扇检修平台防护栏杆不符合规范要求的问题，要立即进行整改。

（4）结合本次事故，进一步完善、细化公司的相关安全生产管理制度及操作规程。

（5）加强班组建设，做好员工的思想工作，强化班组长的安全管理水平，熟悉掌控员工作业情况。

参考文献

[1] 国家安全生产监督管理总局宣传教育中心·生产经营单位主要负责人和安全管理人员安全培训通用教材（初训）[M]·徐州：中国矿业大学出版社，2008

[2] 国家安全生产监督管理总局宣传教育中心·生产经营单位主要负责人和安全管理人员安全培训通用教材（复训）[M]·徐州：中国矿业大学出版社，2009

[3] 安全生产宣传教育系列丛书编写组·生产经营单位管理人员安全生产工作指南[M]·北京：人民日报出版社，2009

[4] 国家安全生产监督管理总局宣传教育中心·企业车间班组负责人安全生产培训教材[M]·北京：团结出版社，2010

[5]《生产经营单位安全培训教材》编委会·生产经营单位安全管理人员安全培训教材[M]·北京：气象出版社，2006

[6] 国家安全生产监督管理总局宣传教育中心·安全生产隐患排查治理工作指南[M]·北京：国家行政学院出版社，2008